智能化控制技术的开发与研究

柳丽萍　李海芬　毛雅雯　著

天津出版传媒集团
TJKJ 天津科学技术出版社

图书在版编目（CIP）数据

智能化控制技术的开发与研究 / 柳丽萍，李海芬，毛雅雯著. -- 天津 : 天津科学技术出版社，2024.4

ISBN 978-7-5742-1965-6

Ⅰ. ①智… Ⅱ. ①柳… ②李… ③毛… Ⅲ. ①智能控制一研究 Ⅳ. ①TP273

中国国家版本馆CIP数据核字(2024)第071657号

智能化控制技术的开发与研究
ZHINENGHUAKONGZHIJISHUDEKAIFAYUYANJIU

责任编辑：吴文博
责任印制：兰　毅

出　　版：天津出版传媒集团 / 天津科学技术出版社
地　　址：天津市西康路 35 号
邮　　编：300051
电　　话：（022）23332377
网　　址：www.tjkjcbs.com.cn
发　　行：新华书店经销
印　　刷：运河（唐山）印务有限公司

开本 787×1092 1/16 印张 12 字数 320 000
2024 年 4 月第 1 版第 1 次印刷
定价：68.00 元

前 言

智能是人们认识客观世界并运用知识解决实际问题的能力，它体现在反映客观事物深刻、正确、完整的程度，以及应用知识解决问题的灵活与智慧上，往往通过观察验证和创造等表现出来。

人工智能也称为机器智能，就是用计算机来模拟人的智能。研究人工智能一方面可以造出具有智能的机器，另一方面也可以弄清人类智能的本质。通过研究和开发人工智能，可以辅助、部分代替甚至拓宽人的智能，使计算机更好地造福于人类。

随着信息技术的发展和社会对智能的巨大需求，人工智能受到越来越多的重视，并逐步成为信息社会和网络经济时代的核心科学技术之一。人工智能的发展和研究，主要涉及计算机科学、信息论、控制论、心理学、生理学、数学、物理学、化学，生物学、医学、哲学、语言学，社会学、认知科学等众多领域，因此，它既是一门新思想、新理论、新技术，新成就不断涌现的新兴学科，又是一门综合性极强的边缘学科。

本书从人工智能基础知识入手，针对人工智能的定义及内涵、人工智能研究的意义进行了分析研究；另外对知识表示与搜索策略、模糊逻辑技术与神经网络技术、遗传算法与专家系统、机器学习与群集智能等做了一定的介绍；还剖析了人工智能识别技术与智能控制、人工智能技术及应用、人工智能的应用领域等内容；条理清晰，内容精炼，重点突出，选材新颖，具有实用性、综合性，希望通过本书能够给从事相关行业的读者们带来一些有益的参考和借鉴。

本书由青岛工学院柳丽萍、华北科技学院李海芬、广州市增城区职业技术学校毛雅雯著。具体撰写分工如下：柳丽萍负责第一章至第三章的撰写工作（共计11万字），李海芬负责第四章和第五章的撰写工作（共计7.6万字），毛雅雯负责第六章和第七章的撰写工作（共计9.4万字）。柳丽萍负责全书的统稿和修改。

本书在写作过程中，参考了大量有价值的文献与资料，吸取了许多人的宝贵经验，在此向这些文献的作者表示敬意。此外，本书的写作还得到了领导的支持和鼓励，在此一并表示感谢。由于作者自身水平及时间有限，书中难免有错误和疏漏之处，敬请广大读者和专家给予批评指正。

目 录

第一章　人工智能基础知识

第一节　人工智能的定义及内涵

一、智能的理论

在了解人工智能之前，首先来了解什么是智能，智能的本质是什么，以及如何判定和度量智能。

（一）智能的起源

智能是人在实践中对客观事物进行观察、记忆、分析、判断及有目的地行动和有效地解决世纪问题的综合能力，是人类特有的、区别于一般生物的主要特征。人特有的智能，是客观世界长期发展的产物，同时也是社会劳动的产物。

在地球诞生之初，并没有生命的存在，也就没有智能可言，而一切物质都具有的反应特性是人类智能产生的物质基础，生物的反应形式（刺激感应、感觉和心理）是人类智能产生的前提。人类智能的产生经历了三个决定性的阶段。第一阶段，从无生命物质的反应特性到低等生物的刺激感应性。反应特性是指物质在受到其他物质作用时会发生相应的变化。如岩石受到空气、阳光、水的作用会发生风化。约数亿年前，在无生命的物质中产生了低等生物，这种生物的反应形式是刺激感应性。所谓刺激感应性，是指生物对外界环境的变化和作用的刺激感应能力。如植物的枝叶会伸向有阳光的地方，根会扎到水肥的地方。生物的刺激感应性是比反应特性高级的反映形式，它具有自主性、选择性和趋利避害性。因此这种刺激感应性已不是简单的、机械的、无选择性的物理或化学反应，表现出一定自主反应的萌芽。第二阶段，由低等生物的刺激感应的反应形式到高级动物的感觉和心理。随着生物的不断进化，逐步进化出感觉器官和神经系统。由于有了神经系统这种物质基础，因而动物有了感觉这样的反应形式。在刺激感应性的反应中，信息、物、刺激必须同时出现，而在感觉中，信息与物可以是间接的关系，表现出某种与刺激物的原型相分离的趋向。高级动物有了由神经系统进化而来的大脑，因而有了心理这种反应形式。高级动物能把感觉器官与感觉能力联系统起来，形成对客观环境的反映，这就是动物心理。第三阶段，从动物的感觉和心理到人类智能的产生。智能不仅是自然界的产物，同时也是社会的产物。由猿进化到人，这个过程是通过不断改变客观世界的社会劳动完成的，在社会劳动过程中，需要深入事物内部，了解其规律和本质，而语言的产生，使大脑能够概括出各种感觉材料，提高抽象思维能力。在劳动和语言的推动下，猿脑变成人脑，人脑比动物脑更大，构造更加复杂，出现了动物所没有的“语言中枢”和“前额叶”等，从此出现了人所独具的高级反应形式——人类智能。

（二）智能的定义

智能一词来源于拉丁语，字面意思是采集、收集、汇集，并由此进行选择。人类智能活动含义是什么，人们也是有共同认识的，一般而言，是指人类在认识世界和改造世界的活动中，由脑力劳动表现出来的能力。若要更具体地描述人类智能活动，则可概括为以下几点。

第一，通过视觉、听觉及触觉等感官活动，接受并理解文字、图像、声音及语言等各种外界的“自然信息”，这就是认识和理解环境世界的能力。

第二，通过人脑的生理与心理活动以及有关的信息处理过程，将感性知识抽象为理性知识，并能对事物运动的规律进行分析、判断和推理，这就是提出概念、建立方法，进行演绎和归纳推理、做出决策的能力。

第三，通过教育、训练和学习过程，日益丰富自身的知识和技能，这就是学习取得经验、积累知识的能力。

第四，对变化多端的外界环境条件，如干扰、刺激等作用能灵活地做出反应，这就是自我适应的能力。

第五，预测、洞察事物发展变化的能力，联想、推理、判断、决策的能力。

智能的本质上面，可以进一步了解解释智能。目前科学家已经从不同的角度、不同的侧面、采用不同的方法揭示了智能的本质，其中讨论较多且已经达成一些共识的，大致可以概括为以下几点。

1. 智能具有感知能力

感知能力是指人们通过视觉、听觉、味觉、触觉和嗅觉等感官器官感知外部世界的能力。人类的大脑具备感知能力，通过感知获取外部信息。如果没有感知，则人类无法获取前提知识，也就不可能引发各种智能行为。因此，感知是智能活动的必要条件。

上面提到的5大感官器官分工各不相同，其中视觉和听觉在人类感知中占有主导地位，80%以上的外界信息是通过视觉得到的，10%是通过听觉得到的，因此在目前的研究中，机器视觉和机器听觉是研究的热点。

2. 智能具有记忆和思维能力

记忆和思维是人脑最重要的功能，没有记忆无法思维，而仅仅有思维是很有限的。记忆和思维需要同时具备，它们是人有智能的根本原因。记忆用于存储由感官器官感知到的外部信息以及由思维所产生的知识；思维用于对记忆的信息进行处理，利用已有的知识对信息进行分析、计算、比较、判断、推理、联想及决策等。思维是一个动态过程，是获取知识及运用知识求解问题的根本途径。而思维又分好几种：逻辑思维（也称抽象思维）、形象思维（也称直感思维）以及顿悟思维（获得灵感而忽然开窍）等。其中逻辑思维和形象思维是两种基本的思维方式，它们可分别运用于不同场合，也可结合起来使用。

逻辑思维是一种根据逻辑规则对信息进行处理的理性思维方式，反映了人们对抽象的、间接的、概括的方式认识客观世界的过程。

形象思维是一种以客观现象为思维对象、以感性形象认识为思维材料、以意象为主要思维工具、以指导创造物化形象的实践为主要目的的思维活动。

顿悟思维是一种显意识与潜意识相互作用的思维方式。

3. 智能具有学习能力、自适应能力及行为能力

学习能力是指通过指导、实践等过程来丰富自身的知识和技巧的能力；自适应能力是指在各种环境（如干扰等）下都能保持同等效率的能力；行为能力是指可以将所反馈到的信息输出的能力。学习是人的本能，每个人随时随地都在学习，既可能是自觉的、有意识的，也可能是不自觉、无意识的。人人都可以通过与环境的相互作用不断学习，并通过学习积累知识、增长才干，适应环境的变化。由于个体本身都是不相同的，其学习、适应能力也是不相同的，因此体现出不同的智能差异。人们常会对外界的刺激做出反应，并传达某个信息，如手被开水烫到，手自然会快速收回。行为能力的这种表现形式是受神经系统控制的，神经系统是正常的，人们的行为能力才会正常，否则手被开水烫到也会没有反应。

因此智能要具备行为能力，必须是无故障的智能。

总之，智能体现在知识表示和知识运用上，将人类的智能转移到机器的智能上，需要对其进行必要的了解，以便进一步地研究讨论。

（三）智能的本质

辩证唯物主义认为智能的生理本质是以人脑和神经系统的生理活动为基础的心理活动，而智能是人在社会生活中对客观世界的反应，这是智能的社会本质。

首先，智能的生理本质。高度复杂的物质系统——人脑为人类智能奠定了生理基础。

智能依赖于高度组织、高度复杂的以大脑为中心的中枢神经系统及周围神经系统，依赖于整个生理组织的生理活动。人体感官接收客观外界事物的客观信息，通过神经系统传送到人的大脑，大脑对信息进行储存、分析及创造。这是从信息的形式到人的意识和思想的转换，离开了人的这种生理活动，就不可能产生人类智能。

其次，智能的社会本质。人类智能必须建立在社会实践的基础上。第一，人脑不会自动地产生智能，它只是人所具有的能对客观世界产生能动反应的生理组织，而人脑产生智能是以社会实践中各种信息的输入为前提的；第二，人类智能是在社会实践中穿透客观事物表象，认识事物内在本质和规律的过程；第三，人类智能有严格的逻辑结构和学习机制；第四，通过对事物本质和规律的认识人类智能可以预测客观事物的发展趋势，进而指导社会实践。

辩证唯物主义对于人类智能本质的研究，为人工智能的发展提供了科学的哲学视野。

二、人工智能的内涵

（一）计算机与人工智能

最初研制计算机的目的就是模拟人类大脑的计算、处理功能而能够高速、高效地处理重复的事件，将来计算机的功能也一定会与人脑的功能越来越接近。

人的大脑分成左右两个半球，即左脑和右脑，它们各有不同的功能。一般说来，左脑主要负责逻辑推理、计算和存储，而右脑负责音乐、绘画等形象思维。应该说，如果计算机能够分别完成左脑和右脑的功能，再有一个负责协调的系统，就可以像人脑一样思考，但问题不只是这些。人脑具有自学习、自纠错功能，当有新的突发事件发生时，人脑就能够根据已有的经验做出推理和判断，也就是人们常说的“随机应变”。IBM 公司曾研制了“深思”和“深蓝”等号称世界上最“聪明”的计算机来与国际象棋世界冠军对弈，虽然最后战胜了人，但在对弈期间，有许多专家在不停地对计算机进行调试，如果单靠计算机来计算，布局阶段可能还能支撑，可当人走出一些从未有过的变招时，计算机就会不知所措了。

人工智能研究者认识到，几乎全部的人类智能活动的详细步骤是未知的，这标志着人工智能开始作为计算机科学的一个分支出现。他们对各种不同的计算和计算描述方法进行了研究，力图既要创造出智能的人工制品，又要理解智能是什么。他们的基本思想是，人类的智能最好用人工智能程序来描述。

人类的智能活动伴随着人类活动到处存在。如果计算机能够执行如下棋、猜谜语等任务，就认为这类计算机具有某种程度的人工智能。考虑下棋的计算机程序，现有程序是十分熟练的、具有人类“专家”棋手水平的最好实验系统，但是下得没有人类国际象棋大师那样好。该计算机程序对每个可能的走步空间进行搜索，即考虑比赛中可供选择的各种走步以及它们后面的几步，就像人类棋手所考虑的一样。计算机能够同时搜索几千种走步，而人类棋手只能考虑十来步左右。计算机不能战胜最好的人类棋手的原因在于：“向前看”不是下棋所具有的一切，如果彻底搜索，走步太多；而替换走步也并不能保证一定能够导致比赛的胜利。人类棋手在不必彻底搜索走步的情况下也能够胜利，这是人类专家所具有的不能解释的能力之一。

最简单地说，用计算机来表示和执行人类的智能活动就是人工智能，没有计算机的出现，人工智能就无法得到应用。

（二）人工智能与人类智能的本质区别

作为机器思维的人工智能与作为人类思维的人类智能，两者之间具有本质的区别。

1. 二者的物质载体不同

人类智能的物质载体是人的大脑，人工智能的物质载体则是计算机这一人脑的模拟物。

2. 二者的活动规律不同

人脑的活动，是按照高等生物的高级神经活动规律进行的；计算机则是按照机械的、物理的和电子的活动规律进行的。二者的差别不是程度上的差别，而是本质上的差别。

3. 二者的适应性不同

人类认识世界和改造世界的活动是有目的、能动的，在与外部环境的物质、能量和信息交换过程中，能够根据环境的变化不断调整自身，具有适应性。而人工智能是无意识、无目的的，没有主观能动性和适应性，只能按照人为制定的程序运行，机械地模拟人的智力活动，却毫不理解这一活动，更不会提出新问题、研究新问题、解决新问题。

4. 二者的认知能力不同

人类智能或人类的认识能力，只是人类意识的一个因素。人的认识的产生和形成不只是人的认识能力所致，还包括情感、情绪、意志及性格等因素的综合作用。人工智能则是对人的认识能力的一部分逻辑、理性的模拟，不具备其他因素。人的心理活动或者是认知的过程和计算机相比有很大的不同。人的心理活动的最高层级是思维策略，中间层级是初级信息处理，最低层级是生理过程，即中枢神经系统、神经元和大脑的活动，与各层级相应的是计算机程序、语言和硬件。研究认知过程的主要任务是探求高层级思维决策与初级信息处理的关系，并用计算机程序来模拟人的思维决策水平，而用计算机语言来模拟人的初级信息处理过程。

可以说，人类智能的局限性正是人工智能的优越性所在，人工智能的局限性正是人类智能的优越性，人在质的思考方面胜过机器，而机器则在量的方面胜过人。二者是互补互动的。人类发明计算机的动因，正是基于对人脑的一些局限性的认识，以及在科学研究与生产实践中，解决用人力很难解决的问题的迫切需要。人工智能的产生和发展为人类智能提供了新的时间和空间尺度，给人类提供了一个新的创造领域。随着技术的进步，计算机应用的深度和广度不断发展，许多原本是人类思维独占的领域，也开始应用人工智能，如专家系统、模式识别、定理证明、问题求解及自然语言理解等。但是，如果由此以为计算机的应用不存在一个技术性的界限，认为人工智能可以代替人的思维，则是没有根据的。

（三）人工智能的特点

作为一项模拟人类智能的计算机技术，具有以下特点：

1. 人工智能具有感知能力

这是最基本的特点，这种机器感知要求智能机具有类似于人的感知能力，即能够通过视觉、听觉、触觉、嗅觉等感官器官感知到外部世界，根据这一特点已经专门形成一些研究领域，譬如自然语言理解领域，它的研究目标就是提高智能机视觉、听觉感知能力，让智能机理解人类日常书面口头语言，实现人机交互。

2. 人工智能具有思维能力

具有一定智能程度的系统不仅能够记忆存储由感官器官感知到的外部信息，同时还能结合自己的内部信息对外部信息进行思维性的加工，在这个思维加工过程中涉及基本技术的运用，如知识表示技术、搜索技术、推理技术、归纳技术和联想技术，这些模拟人类思维的过程正是智能思维运作的方式。

3. 人工智能具有学习能力

这也是判断机器是否具有智能的重要标志，这种特点能够使智能机器人一样自动获取新知识、在实践中提高能力、适应环境的不断变化，目前人类已经根据自身学习能力的认识研究出一些机器学习方法，如记忆学习、归纳学习、发现学习、解释学习、联结学习等。

4. 人工智能具有行为能力

如果把感知能力看成智能机器或智能系统的输入功能模块，那么行为能力便是输出功能模块，如让智能机器人根据人类的意愿执行相应的任务，作用于外部世界；再如智能控制就是结合技术与传统自动控制技术，不需要人工干预的情况下独立地利用智能机进行目标控制。

（四）人工智能的研究目标

人类智能是涉及信息描述和信息处理的复杂过程，因而实现人工智能是一项艰巨的任务。尽管如此，这门学科还是引起了许多科学和技术工作者的浓厚兴趣，特别是在计算机科学和技术飞速发展和计算机应用日益广泛的情况下，许多学者认为实现人工智能的手段已经具备，人工智能已经开始走向实践阶段。

研究人工智能主要有两条途径。一条是心理学家、生理学家们认为大脑是智能活动的物质基础，要揭示人类智能的奥秘，就必须弄清大脑的结构，也就是要从大脑的神经元模型着手研究，搞清大脑信息处理过程的机理，这样人工智能的实现就可迎刃而解。显然由于人脑有上百亿神经元，而且现阶段要进行人脑的物理模拟实验还很困难，因而完成这个任务极其艰巨。但可以看出这一学派是企图创立“信息处理的智能理论”作为实现人工智能的长远期研究目标的，这个观点是值得重视的。另一条是计算机科学家提出的从模拟人脑功能的角度来实现人工智能，也就是通过计算机程序的运行，从效果上达到和人类智能行为活动过程相类似作为研究目标，因而这派学者只是局限于解决“建造智能机器或系统为工程目标的有关原理和技术”作为实现人工智能的近期目标，这个观点比较实际，目前引起较多人的注意。

人工智能研究的远期目标与近期目标是相辅相成的。远期目标为近期目标指明了方向，而近期目标的研究为远期目标的最终实现奠定了基础，做好了理论及技术上的准备。另外，近期目标的研究成果不仅可以造福于当代社会，还可以进一步增强人们对实现远期目标的信心，消除疑虑。

最后还应该说明，近期目标和远期目标之间并没有严格的界限。随着人工智能技术研究的不断扩展，近期目标将不断变化，最终会向远期目标靠近。科学家们现在已经在很多领域取得了辉煌的成就，充分说明了这一点。

（五）人工智能中的通用问题求解方法

为了更好地理解到底什么是人工智能，可以通过具体的问题来进一步说明。人工智能中的问题常常用到一个词“状态”。即一个状态系统在求解问题的过程中，在某一步骤、某一时刻解答的状况。因此，问题的答案就是问题状态的汇集。问题的求解过程是对某一状态应用操作符得到下一个状态，这种从一种状态到另一种状态的过程会一直进行下去，直到达到目标状态。这种求解问题的方法称为状态空间方法。

首先，把适用的操作符用于初始状态，以产生新的状态；其次，把适用的操作符用于这些新的状态，这样继续搜索下去，直到产生目标状态为止。在这个过程中，产生的状态数量越少，人工智能算法就越好。那么怎样控制状态的生成呢？事实上，可以通过设计一些控制策略来实现：从大量的由初始状态或中间状态产生的合理状态中删除一些状态，保证正确的状态可以不被删除，很多智能搜索算法可以实现这样的控制策略。

第二节　人工智能研究的意义

一、人工智能与人类智能的关系

（一）人工智能发展的新趋势

人工智能的近期研究目标是研究机器智能，即研究如何使现有的计算机具备更高的智能，使它能运用知识去处理问题，能够模拟人类的智能行为，在一定领域或在一定程度上去完成需要人的复杂脑力劳动才能完成的工作。科学技术的发展推动了物联网的发展，物联网是人类历史上发展速度最快的一次技术革命。人工智能呈现出与物联网技术和云计算技术相结合发展的新趋势，它的目的是通过现有的脑模型和机制进一步地反映人类实际思维机理，使计算机能够像生物那样通过累积的数据做出全面的、智慧性的判断。

物联网的核心是智能化的信息处理及应用。物联网使用的是无线射频传感器组成的网络，利用的是无线传输技术对数据的传输，不需要人类的参与。物联网技术大大促进了传感器的发展，而传感器的职能便是搜集数据。各种声光、压力、温度的传感器就好比人类的五官和触觉，保证了物联网系统拥有源源不断的数据信息。随着物联网业务量的增加，对数据存储和计算机的需求推进了云计算的发展。云计算的核心是计算与存储，由于云计算的数据存储在云端，它为大量数据运行提供了一个可靠的处理方式。人的大脑也具备信息计算和存储的能力，可以说云计算也具有一定的智能条件。云计算技术为人工智能提供了新的技术实现方法，同时人工智能也是云计算技术的一个重要支撑。物联网与云计算的结合发展构成了一个整体，但是这个整体还需要与智能机联结发展。

未来的物联网应该是一种具有自动调整功能，能为用户提供便利、有效服务的智能网络。要使物联网智能化，就必须让人工智能成为物联网的大脑。物联网的发展急需人工智能的研究成果，如果人工智能的研究借助物联网系统的数据搜集方式和数据处理方式，再配合适当的机器学习算法，人类可以拥有多个智能机协同处理问题，同时，人类将拥有更广泛的知识获取能力和更大的交流空间。如果将智能机作为数据处理器放在网络上，便能实现智能机及传感器的协调发展，人类将会通过互联网来接收和发送数据，人脑的存储充分依赖网络联结，人脑的意识活动也会极大地发展，而智能机通过互联网数据共享的特性，也极大地便利了人类的工作和生活。

（二）机器载体与人类智能载体的比较

机器的载体是由电子元件和线路组成的装置，这些装置通过软件程序模拟人的思维活动。机器的每一项工作程序都是通过对人类思维规律的模拟来运作的，是无意识的、机械的过程。人类智能的载体是脑神经的系统的运动状态，是神经信号对意识的表达。在大脑的意识活动中，意识的载体是通过语言、文字等信息进行加工的。人类智能的内容涉及三个方面，首先是数学计算，其次是逻辑计算，最后是形象思维。人脑的思维机制是一个复杂的运动过程，人脑之所以有思维的特殊机能，是社会实践长期发展的结果。人脑在神经元的最精细的部分的差别是巨大的，而这种差别使得每个大脑都是独一无二的。

在人工智能学派中，对机器载体和人类智能载体的比较出现了不同的观点。符号主义学派认为认知的基本元素是知识，知识可以被推理，但是在遇到不确定的知识表示时不能解决实际问题。联结主义学派认为认知的基本元素不是符号，思维的基本元素是神经元。思维过程是神经元的联结，只要弄清楚了人脑的结构和它怎样对信息进行处理执行的过程，就可以对人脑思维进行模拟。人是生活在以自然环境为背景的社会中的人，人脑更是一个受社会影响的、发育变化着的活的系统。人脑是宇宙进化过程中产生出最复杂的物体结构，而且人的智力也是在社会实践中得到发展和提高的。在近代神经科学产生之前，人类就已经知道人脑对于知觉、情感和思想来说是必要的。人脑及思维能力是在社会实践中产生和发展的，脑中的某些活动对意识具有影响，所以人类智能不仅仅是人脑的生理机能。符号主义学派中的程序和计算方法是在人的社会才有的东西，与自然界基本上没什么联系，它与自然演化出来的生物智能完全不相关。生物智能是以细胞和信号为物质基础的，那么以电子硬件为基础也是可以实现信号传输的，计算机硬件和软件能提供的只是智能的载体，而不能去代替智能结构去完成生物智能。符号主义智能中符号运算过程所存在的缺点，使得神经网络通过非线性多层模型找到了解决的办法，于是联结学派在新的技术条件方面的研究得到迅速发展。联结主义学派的研究成果，目前还停留在研究动物智能的水平上，企图仅利用简单的人工网络结构来模拟大脑的高级智能，从而达到完全模拟人类抽象思维的水平是不现实的。随着人工智能技术的发展，人工神经网络的局限性逐渐显露出来了。联结主义学派认为在机器智能的不断发展中，从神经网络上实现智能化比较容易。但是人脑是由约 10^{14} 个神经元组成的复杂网络，每个神经元的内部结构比一个巨型计算机还要复杂。况且现已经研制出的模型与计算方法在实际应用中还存在一定的问题，这种方法逐渐暴露了弊端，所以它并不适合模拟人类的思维过程。人脑可以适应将来发生的无数不可预测事件并对其反应，现在还没有任何一种人造机器可以实现这个功能。在接收信号方面，我们会发现这两者之间有很大的不同。人脑可以通过感觉周围的环境，从各种各样的不同的环境信号中总结出一种模式。神经系统可以对各种不同的视觉和声音进行辨别，大脑皮层不像计算机，它不会计算问题的答案，而是用存储的记忆来解决问题。

人工智能是人类意识物化的产物，就是人脑的意识通过符号载体物化。人工智能只是依靠电子元件组成的机械物理装置，用软件等方面模拟人的思维过程并按照人类的思维过程来编制计算机程序，这一点也可以说是用计算机在形式上来描述人的思维的活动过程。人工智能机的研究目的是提高主体认识能力，延长和增强人脑的智能，它是用复杂的逻辑或者庞大的数据库来实现一个看似有智力的功能，一般来说人工智能也仅仅用于简单的逻辑识别和判断。人工智能对人脑的模拟有两种方法：一是通过仿照人脑的功能，制造出类似人脑的机器人，从人的结构上进行模拟；另一种是从功能上进行模拟。由于人脑的极端复杂，现在的科学技术还不能从人的结构上进行模拟，只能通过第二种方法进行模拟。

由于人的意识和一般的信息有着相似之处，而人脑的某些意识活动可以用机械的方法进行复制和模拟。但是机器并不是人脑，意识和思维也不等同于信息。尽管机器在越来越多的地方代替人脑，尤其是在数学计算的速度和精确度方面甚至超过了人脑的功能。但是，再精确的智能机并不是人脑，它只是人类借助机器来代替人脑部分简单思维活动的简称。机器可以大量地模拟人的思维活动，可是这种模拟思维只是一部分并不是全部。而且人的每一个脑细胞能表示的状态之多，加上脑细胞数量的组合，恐怕是所有的计算机加起来也无法表达的。我们要建的是人工智能不是人，那种复杂的程度是计算机完全不能胜任的。智能机没有自主选择的功能，它不可能参与到大自然的选择过程中，仅仅是人类在按自己的意愿定向开发它。利用计算机进行数学计算是人工智能的初始阶段，但是计算机模拟人类的不确定智能还差得很远。

（三）机器智能性与人类意识社会性的比较

1. 人工智能的优越性

人类社会已经在一定程度上跨入信息时代，人工智能和信息科技对人类社会生活产生了极为重要的影响，使得世界发生着巨大的变化。在信息论和控制论的推动下，用机械和电子计算机模拟人思维的新技术也随之发展。在人工智能与人类智能的比较中，不难看出人工智能不仅是人类智能的简单复制，而且它也是在总结人类智能的发展经验的基础上，去实现人工智能的科学发展。人工智能的产生是20世纪中期科学技术的一项重大成就，它对于提高人的意识活动能力、推进社会文明的进步、全面实现人的智力解放，具有重大的积极意义。智能机的物质功能与人类思维有着本质的差别，它通过模拟人类的智能进而强化人的智能。人工智能极大地突破了人脑在意识活动的局限性，甚至人工智能在某些方面已超越人类，它的优点具体表现为下几个方面。

（1）在复杂数字的计算方面，人类远没有机器准确

人脑思维活动在空间和功能上存在着生理局限性，当人类在进行数字计算的时候，思维很容易受到外界变化的干扰，从而使情绪受到影响进而影响运算结果。而电子计算机内部使用的电子机器配件是固定不变的，当人设定好运算的程序后，它可以通过这个设定好的程序思维进行有条不紊地运算。只要这个机械不出现需要修理的问题，无论是多么复杂的运算，电子计算机在计算能力的准确性上相比人类总能保证其运算结果的无差错，在数字运算上更具有周密性和准确性。

（2）人脑在接受、加工和处理信息的速度上存在局限性

电子计算机的运算速度远远超越人类。人脑在接收和加工处理信息时，会按照自己的意识进行思考，速度就会比智能机慢。电子计算机运算不需要进行思考，它可以通过自身的存储系统进行搜索。现在计算机的计算速度已经从每秒数亿次上升到每秒数万亿次，所以它的运算速度远远超过人脑，这样的速度对人类认识世界和改造世界具有重大意义。

智能机还可以代替人类在危险的情况下完成不可能完成的艰难任务，如爆破机器和可控制侦察机，前者可以在人类远离危险的情况下准确地完成爆破任务，后者可以通过掌上遥控侦测火山口、深山丛林等复杂的地质环境，侦测需要测量的地表地貌，从而得到更安全、更科学和更准确的数据。

（3）人类智能在存储和记忆方面存在局限性

电子计算机的存储系统是对记忆的模拟。

计算机在应用知识和存储方面，也远远超过人类的能力。智能机的记忆快速而且稳定，保存时间长而且准确。在信息存储方面，计算机的存储量具有无限性，更重要的一点是它可以利用存储的信息进行复制。记忆是人脑的机能，人脑可以对记忆的材料进行分析、综合，还可以根据实际情况做出判断，提出不同的问题。可是，人的记忆会随着时间的推移而模糊，这是人类记忆上的局限性。计算机虽然不能理解问题，但是它可以从存储的全部信息中逐步地挑选所需要解决问题的方法。因此智能机比人类智能的优越性体现在它的存储时间长、记忆快，而且复制的精确度相对于人类智能更高。

2. 人工智能的局限性

人工智能是运用计算机等技术模仿、延伸和扩展的新兴的智能学科，它可以高效率地完成人类智能看似艰巨的任务。总体来说，人工智能是让计算机变得更加聪明的科学技术。从马克思主义哲学来看，人工智能实际是人类智能高度发展的产物，是人类智能发展到一定时代的一种分化，这种分化的直接原因是人类的实践，特别是人类的科学技术实践。人工智能是人类智能的必要补充，但是人工智能和人类智能存在着本质的区别。在人工智能不同的学派中，每个学派的研究路径和方法都存在着一定的局限性。机器的智能性与人的社会性的主要差别是本质属性不同，具体表现为人工智能不具有人类的社会历史性和主观能动性。

（1）人工智能不具有社会历史性

社会历史性是指认识的客体是具体的、历史的，是随着实践活动的发展而不断发展的。认识的主体是社会的产物，主体的认识是社会的活动。随着实践和认识的发展，客体的范围不断扩大，其内容也不断得到丰富和发展。人类意识无论以个人为主体还是以社会为主体，都具有鲜明的社会历史性。认识主体是人与社会的统一，具有社会属性。因此，人类意识才有多种多样的表现形式，才有不同的时代特色和民族特色，才有不断累积丰富发展的精神文化。

随着科学技术的发展，人类可以制造出自动化程度很高的智能机。但从总体上看，机器思维是人借助机器来代替人类的部分思维活动，机器自身并不能进行独立的思考。人具有思考的功能，是因为人的思维能力是社会长期劳动的产物。马克思指出，意识一开始就是社会的产物，人作为认识的主体，必然是社会的主体。人被称为是现实的认识主体，重要的是人具有社会性。人类一产生，便在改造自然界的过程中形成一定的社会关系，通过人与人之间的交往产生语言和意识，这些社会关系形成了改造世界的社会力量，于是人使自己成为现实的认识主体。离开了一定的社会关系，离开了人与人之间的相互交往，认识的主体是不可能产生和存在的。劳动将人类从动物世界提升出来取得自然界的主人地位。一个重要的原因是劳动促使人猿变成人，促使猿脑变成人脑，使得动物萌芽状态的意识发展为人的意识。由此可见，劳动让人类由一般的生物上升到社会存在物，从而确定了自己的主体地位，人的意向活动以及知识经验都是在社会实践中获得的。所以人具有社会性。智能机不具备人脑中形成意识的那种丰富的联想和概括性的语言，更没有为达到某种目的的意志和情感，机器很难模拟人的社会属性。因此，人工智能不具有历史社会性。

（2）人工智能不具有主观能动性

人类智能关键在于具有主观能动的意识，思想总是在为一个目的而存在，主观能动性是人类特有的活动和能力。

首先，人的意识作为客观世界的反映，是通过人的感觉器官和大脑的复杂活动而不是简单地呈现。人类解决问题的方式不仅仅依靠判断推理，有时非逻辑思维在解决问题的过程中也起着关键的作用。人脑对客观事物的反映不是机械性的而是能动性的，人的意识不仅通过感觉、知觉等形式反映外部形象，而且能够运用概念、推理等形式对感性材料积极主动地进行加工，使之升华到理性认识。

其次，以控制论的观点来分析人类社会的主观能动性。计算机智能学派认为智能在现实过程中通过与环境的交互作用表现出来，具体表现为对客体的改造上。人类可以利用各种感官全面掌握信息，借助各种认识工具产生感觉。而脱离了社会生活这个先决条件，人的大脑就得不到充分的发展，就没有意识的机能。人类可以有目的地去改造自然界，而机器智能只能机械地运作。它可以处理各种困难问题但并不能去思考问题。人工智能是信息社会中促进人类进步的最重要的技术手段之一，但是机器搜集信息的能力是无法同人类相比的。人类的大脑可以无时无刻接受信息和处理信息，而传统的计算机却只能被动地接受人们输入处理的数据，进行基本的逻辑和数学运算，缺乏自主性与灵活性。在整个认识活动过程中，客体永远处于被改造的地位。而智能机只具有自动性，它是人的主观能动性在客体上的表现。

人类社会的意识能动性是在理性的基础上参与的。事实证明，时间经验越丰富，认知水平越高，对于对象的感觉就越深刻，感觉的能动作用就得以充分发挥。机器没有改造世界的能力，因此更谈不上在改造过程中所产生的思维活动了，机器人只能被动地接受主体的改造。通过以上的叙述说明机器不具有主观能动性只具有被动性。智能机在物质实体功能表现上，与人类智能有本质差别。

人类同机器的关系永远是制造与被制造、使用与被使用的关系。虽然在某些方面，人工智能已经可以代替甚至超过人类智能。但从整体来看，人工智能还不能达到人类思维的高层次，制造出一个与人具有相同思维的机器目前是做不到的。计算机毕竟不是人脑，计算机并不是对人脑真实的思维模拟，计算机的模拟包含了从建立模型到实现成果的过程，它所做的工作是对人脑功能的模拟。研究人工智能的目的，不是对人类智能简单地复制，而是希望通过模拟人的智能而强化人的智能。大自然优胜劣汰，人工智能可以无限地接近人类智能，但人工智能永远都不可能完全的模拟人脑。人工智能只有正确地充分发挥主观的能动性、积极性，尊重客观规律，才能使人工智能的发展朝着有利于人类的方向前进。这样，人工智能才能成为人类的有力工具。

二、人工智能对当今社会的影响

在今天，人工智能已经成为影响社会的重要力量，它的发展对人类及其未来产生深远的影响。在现代社会，人们很难想象没有人工智能会怎样。人工智能对人类的影响突出表现在思想文化、经济利益和社会作用等方面。

（一）在思想文化方面

科学思想已经成了现代思想文化的组成部分。人工智能改变了人的思维方式和传统观念。科学思想可以使人们更准确地认识和把握自然事物的规律，让人类的认识能力和自主能力得到不断提高。科学思想引导了各种实用技术的发展方向，为社会带来了巨大的精神财富。随着人工智能技术的不断发展，人类在日常求解问题的过程中不断地交流经验和方法，改善了人类的语言，推动了人类语言的发展。人工智能的发展为人类提供了新的休闲文化娱乐项目，改善了人类的文化生活。随着人类正确认识和掌握新的科学思想与方法，人类对自然的认识水平和改造自然的水平都会不断提高。在人类教育模式上，人工智能的发展引起了新的思维模式和教育模式的改变，这与以往的文化和价值观有着明显的区别，也使人类文明程度也有了进一步的提高。随着科学技术的不断发展，人类也会远离迷信解放思想，思想和文化水平发展程度会不断提高。

（二）在经济利益方面

人工智能的开发和应用，已为人类创造出可观的经济效益。人工智能为社会生产提供了新的思路。人类通过不断的探索和研究，不断地提出新问题，开发出新的技术，研制出新的设备，这就为社会生产的不断改进提供了理论和技术支持，从而产生新的生产方式，使社会生产得到不断发展和完善。人工智能从方法到技术的全方面发展，极大地推进了社会生产力水平的提高。这种提高表现为社会产品和社会服务质量的提高。在今天，科学技术对社会生产力水平的促进作用更加明显。而当今信息科学理论和计算机网络技术等在经济管理上的普遍应用，使社会生产力中的各种因素得以有效、充分地发挥，社会生产效率得以更快地提高。

1. 新一轮“阿波罗计划”

在工业革命的两千年前，世界各地的人们的生活水平其实没有太大的提高。已故著名历史学家麦迪森（Angus Maddison）对全球各个文明在不同历史时期所做的经济学研究发现，世界人均财富从公元元年左右到18世纪工业革命前没有提高。但到了工业革命时期，一切发生了极大的改变。两次工业革命促进了社会生产力的迅速发展，使商品经济最终取代了自然经济，手工工场过渡到大机器生产的工厂，实现了生产力的巨大飞跃。以深度学习等关键技术为核心，以云计算、生物识别等数据及计算能力为基础支撑的人工智能产业，在历经 60 年的轮回后，在 2016 年呈现井喷式爆发并大放异彩，迎来第三次浪潮。如今，人工智能在很多方面都有了突破性进展，全球人工智能的发展趋势已经势如破竹，毋庸置疑，人工智能时代已经来临。正如蒸汽机会取代马匹成为动力来源一样，人工智能作为新的生产力，也将给各行业带来翻天覆地的变化，掀起生产力的新变革。

人脑工程的产业前景十分广阔，“钱途”不可限量。研究人脑工作机制，不仅对于大脑相关疾病的治愈至关重要，对于研发类似人类大脑的计算机也具有革命性的意义，将大大推动人工智能的发展。

2. 人工智能——新的生产要素

从当前的情况来看，利用对资本的投入以及劳动力推动经济发展的能力明显下降。这两个杠杆是传统的生产动力，但是如今在大多数发达国家的经济体中，它们已经不再能利用自身的特点去维持经济的持续繁荣景象。对此，我们不必太悲观，在新的发展阶段，一种新的生产要素——人工智能开始登上世界舞台，人工智能能够克服人类资本和劳动力的限制，带来新的价值和发展资源。如今，互联网已经发展到了万物互联的阶段，爆发式增长的数据引发人们对信息进行有效筛选并合理分配资源的需求。在这种万物皆互联、无处不计算的时代，生产率增速将呈指数式加快并推动产业新一轮的创新。人工智能时代以深度学习等关键技术为核心，以云计算、生物识别等数据或计算能力为基础支撑，推动人工智能在金融、医疗、自动驾驶、安防、家居以及营销等领域将应用场景落地生根，将会创造出巨大的经济价值。而且，未来的人工智能将会从专业性较强的领域逐步拓展到生活的各个领域，转变成为通用智能进而推动新一轮的产业革命。概而言之，人工智能之所以能够推动产业新一轮的革命，主要源于以下两个因素：计算机的超级计算能力和大数据的发展。当前，为了容纳深度学习的超大规模计算需求，超级计算机已经成为训练各种深度神经网络的利器。深度学习浪潮正在构建起人工智能的递归循环。作为机器学习的分支，起源于人工神经网络的深度学习，如今不仅仅是具备多层架构的感知器，而且还是一系列能够用来构建可组合可微分的体系结构技术和方法。具体来说，通过深度学习算法，程序利用数据模型分析大量数据不断地自主学习，并逐渐变得更加强大。

人工智能作为一种新的生产要素可以促进生产力的提高，因为常规的生产活动可以用自动化代替。人工智能能够协助员工发挥出更大的能力，并且解放员工，让他们去从事更能激发创造力、附加值更高的工作。资本密集型的行业如制造业、交通更容易从人工智能的发展中受益，因为这两个行业的多项工作，都可以用自动化操作来替代。

3. 人工智能经济红利

人工智能带动经济发展主要通过三个重要途径：首先，它能够创造虚拟的劳动力，即“智能自动化”；其次，人工智能能够完善、提高现有劳动力的技术水平和物质资本的有效使用；最后，像其他技术一样，人工智能能够促进经济的创新。随着时间的推移，它将会成为大范围结构转变的催化剂，因为人工智能不仅会以不同途径完成任务，还可以完成许多与以往不同的任务。

（三）环境安全的问题

现在的环境问题实质上就是人类生存和发展所带来的自然环境恶化的问题，它直接表现为地球的生态环境恶化，进而威胁到人类的生存和发展。由于科学技术的发展，人们利用和改造自然的能力得到提高，在某种程度上使我们的生活条件得到改善。但从另外一方面来说，对自然资源的开发和利用也破坏了自然环境中固有的系统，从而使环境问题日益突出。

自然界中的生物经过了长久的进化，每个物种之间已经形成了一种平衡的关系。自然界中的生态系统可以正常维持生存和繁衍，人为的因素会打破这种平衡，例如，人会为了改变自然界某些原有物种的地理位置和生存状态，从而给自然界带来新的生物物种。这些新的生物物种有些并不能与原有的生物物种在相同的空间和地理情况下生存，它们打破了原有生物物种的生态平衡直接导致原有的物种受到威胁而减少。原有生物物种在新的生物物种的威胁下无法生存，有可能会灭绝。还有一个方面是导致了地球气候的变暖。近百年来，全球的气温呈不断上升的趋势。汽车尾气和工业产业的废气排放，导致了大气中二氧化碳的含量不断增大，使大气层遭到破坏，这也是导致气候变暖的主要原因之一。陆地的垃圾和废弃物，污染的水未经处理，这些直接倒入或排入大海，导致了海洋生态环境遭到破坏，还有人类乱砍滥伐导致绿色森林面积逐渐减少，这些问题都严重威胁着人类的食物链平衡和居住的环境。要保证各种生物物种的相互协调发展，必须加强生态科学的研究和生态技术的开发。在人类的活动中，坚持顺其自然的原则，坚持人与自然和谐统一发展，避免对自然环境和生态平衡的破坏。

（四）主体的危机

自人工智能出现以来，科学家在自动程序设计、智能调度和机器识别等领域有了令人欣喜的研究成果。这些研究成果的成功也表明了电子计算机在某些方面可以取代人的智能。当我们的工作和生活中出现越来越多的机器人时，人的社会关系由于智能机的加入变得复杂起来，人类的自然主体性和社会主体性将会改变。

克隆技术的诞生和计算机“深蓝”的出现打破了人类引领生物智慧的现象。人工智能中的生物智能具有人类所不具有的优势，它将人工智能的发展推到世人的面前，使之成了倍受关注和争议的前沿领域。从某种程度上来说，这种关注和争议也正体现了技术的进步将对人类的生存和发展产生深远的影响。

人工智能若能取代人类，它将会经历三个阶段的发展。第一个阶段是辅助人类解决某些困难领域的问题。人类的发展需要智能机的帮助，当智能机越来越多地出现在人类社会生活中，在更多的领域参与到我们的生活后，人对智能机的依赖会越来越强，人类独立解决问题的能力将会在一定程度上有所降低，于是智能机开始慢慢削弱人在社会中的主体地位。第二个阶段是人工智能自学习程序的不断提升。在这个阶段，人工智能的地位不断增强，在社会应用中渐渐取代某部分人的劳动。事实证明，人工智能的迅猛发展对人类的失业产生了巨大的影响，智能机不仅在运行速度上远远超过人脑，还拥有极高的学习能力和复制能力，它做决策的速度远远超过人脑做决策的速度，有可能人脑还没有决策时就已经被人工智能战胜。人类可能需要很久时间摸索、训练才能胜任的岗位，人工智能可以在短时间内同时做大量的复制工作，智能化的发展替代了大量的体力劳动者，它的效率远在人类之上。虽然人工智能实体在创造力上全面超过人类需要很长的时间，可一旦它的创造力超过人类，那么其智力水平也将超越人类。不仅如此，人工智能能够连接在一起，形成统一协调的智慧，而人类的大脑无法连接在一起，人类之间还会互相对立。虽然一个人工智能单元可能无法战胜人脑，但当多个人工智能单元相连接时一定会超过人类的集体智慧。第三个阶段是人工智能将从低创造力向高创造力逐渐发展。这个阶段目前只停在理论阶段，但如果人工智能达到或者超过制造它的那群人，那么人类智慧的最高境界就是这个人工智能了。现在的计算机还需要人工手动编程才能实现自己的功能，也许在不久的将来，会出现一种新的编程语言，实现人类无法预知的新功能。例如，使用人工智能飞船驾驶系统，当这种系统新的功能不能被人类操控时，那么航天员的生命就落到了人工智能的手中。当人工智能发展到第三阶段，人工智能不再听令于人类的指挥时，这些智能化的机器就对人类的生存安全造成威胁，它带来的灾难将是无法预测的。科学技术的进步使人的主体性受到机器的压制，智能机推动人类改变人的自身的一切。通过不断进化发展，智能机能够适应自身的发展，而人类只有适应机器才能生存，人的主体性将遭受危机。当人的自然主体性和社会主体性慢慢被人工智能取代时，便会产生人类主体性地位丧失的危机，于是作为主体的人也会遭受到危机。

人工智能在应用到生产领域后，获得了巨大的经济效益，人工智能代替人类智能做了许多事情。人工智能尽管为人们生活的物质条件提供了很大的便捷，但我们不能把机器思维与人的思维等同起来，认为它甚至可以超过人脑。因为我们对脑的细微结构和工作机制，对智能的物质基础的了解还不深刻，人工智能的研究还处于探索的阶段。另外，人工智能涵盖了不同领域的众多学科，如何整体地、综合地推进各个学科之间的协调工作，还需要科学的有效的系统方法。人工智能虽然有一定程度的学习能力，但不具备通用的应用方式。例如，虽然可以通过机器进行阅读，可是机器本身不能进行创作也不能自主识别任意的对象，人工智能要达到人类所设定的目标还有很远的距离。人工智能的发展不是一蹴而就的，它需要经历漫长而曲折的进程。虽然人工智能在发展中会存在不少困难，但人工智能在目前所取得的成就已经显示出它的实力。人的认知水平处于不断地进化中，社会生产力的进步也会推动人工智能逐渐发展。在人工智能研究领域的主要派别中，批评和反对的观点都将促进人工智能的发展。

从哲学意义上来说，任何生物都无法创造生命的形式。对于人工智能而言它永远没有创造性，即便程序再复杂、科技再发展，也只能创造出聪明的机器人。智能机只能根据设定好的程序进行运算，它永远没有生命和意识。人的认识是无限发展的，人的智能水平处于进化之中，由于人工智能是人类智能的产物、是人的智能体现，智能机操作都是需要人来操作的，这是人脑在发挥作用。当机器出了故障的时候，还需要人类来修理。计算机的逻辑判断能力也是人脑的逻辑通过程序设置使计算机有判断的能力。计算机作为智能机有广阔的发展前景，我们不能低估它的作用和价值。机器可以做部分人类能够做的事，但是它并不能做人类做的每一件事。智能机模拟意识是可以的，不能说机器有模拟的功能它就有意识，因为世界上再聪明的智能机都是由人类设计和控制的，它不可能成为独立的认识主体。虽然模拟大脑思维的研究还处于初级的发展阶段，却为人工智能的发展实现提供了技术条件。只有人类充分地认识和了解了大脑的构造，才能使得人工智能更好地发挥作用。人工智能与其他交叉学科的发展，进一步揭示了人脑的思维活动，人工智能的科学技术成果也会促进哲学体系的发展。人工智能将会在人类的带领下实现更长足的发展，它将会推进计算机科学技术的创新与发展，也会对社会的发展产生深远的影响。

三、人工智能研究对未来发展的影响

随着技术水平的突飞猛进，人工智能终于迎来它的黄金时代。回顾人工智能 60 年来的风风雨雨，历史告诉了我们这些经验：首先，基础设施带来的推动作用是巨大的，人工智能屡次因数据、运算力、算法的局限而遇冷，突破的方式则是由基础设施逐层向上推动至行业应用；其次，游戏人工智能在发展过程中扮演了重要的角色，因为游戏中

牵涉到人机对抗，能帮助人们更直观地理解人工智能、感受到触动，从而起到推动作用；最后，我们也必须清醒地意识到，虽然在许多任务上，人工智能都取得了匹敌甚至超越人类的结果，但瓶颈还是非常明显的。如计算机视觉方面，存在自然条件（光线、遮挡等）的影响、主体的识别判断问题；语音技术方面，存在特定场合的噪声问题（车载、家居等）、远场识别问题、长尾内容识别问题（口语化、方言等）；自然语言处理方面，存在理解能力缺失、与物理世界缺少对应（“常识”的缺乏）、长尾内容识别等问题。总的来说，我们看到，现有的人工智能技术，一是依赖于大量高质量的训练数据，二是对长尾问题的处理效果不好，三是依赖于独立的、具体的应用场景，通用性很低。

从未来看，人们对人工智能的定位绝不仅仅是用来解决狭窄的、特定领域的某个简单具体的小任务，而是真正像人类一样，能同时解决不同领域、不同类型的问题，进行判断和决策，也就是所谓的通用型人工智能。具体来说，需要机器一方面能够通过感知学习、认知学习去理解世界；另一方面通过强化学习去模拟世界。前者让机器能感知信息，并通过注意、记忆、理解等方式将感知信息转化为抽象知识，快速学习人类积累的知识；后者通过创造一个模拟环境，让机器通过与环境交互试错来获得知识、持续优化知识。人们希望通过算法上、学科上的交叉、融合和优化，整体解决人工智能在创造力、通用性、对物理世界理解能力上的问题。

回到之前提到的人工智能层次的概念。从未来看，底层的基础设施将会是由互联网、物联网提供的现代人工智能场景和数据，这些是生产的原料；算法层将会是由深度学习、强化学习提供的现代人工智能核心模型，辅之以云计算提供的核心算力，这些是生产的引擎。在这些基础之上，不管是计算机视觉、自然语言处理、语音技术，还是游戏人工智能、机器人等，都是基于同样的数据、模型、算法之上的不同的应用场景。这其中还存在着一些亟待攻克的问题，如何解决这些问题正是人们一步一个脚印走向人工智能的必经之路。

首先是从大数据到小数据。深度学习的训练过程需要大量经过人工标注的数据，如无人车研究需要大量标注了车、人、建筑物的街景照片，语音识别研究需要文本到语音的播报和语音到文本的听写，机器翻译需要双语的句对，围棋需要人类高手的走子记录等。但针对大规模数据的标注是一件费时费力的工作，尤其对于一些长尾的场景来说，连基础数据的收集都成问题。因此，一个研究方向就是如何在数据缺失的条件下进行训练，从无标注的数据里进行学习，或者自动模拟（生成）数据进行训练，目前特别火热的生成对抗网络（Generative Adrersarial Networks，GANs）就是一种数据生成模型。

其次是从大模型到小模型。目前深度学习的模型都非常大，动辄几百兆字节（MB），大的甚至可以到几千兆字节甚至几十千兆字节（GB）。

虽然模型在PC端运算不成问题，但如果要在移动设备上使用就会非常麻烦。这就造成语音输入法、语音翻译、图像滤镜等基于移动端的App无法取得较好的效果。这块的研究方向在于如何精简模型的大小，通过直接压缩或是更精巧的模型设计，通过移动终端的低功耗计算与云计算之间的结合，在小模型上也能跑出大模型的效果。

最后是从感知认知到理解决策。在感知和认知的部分，如视觉、听觉，机器在一定限定条件下已经能够做到足够好了。当然这些任务本来也不难，机器的价值在于可以比人做得更快、更准、成本更低。但这些任务基本都是静态的，即在给定输入的情况下，输出结果是一定的。而在一些动态的任务中，比如，如何下赢一盘围棋、如何开车从一个路口到另一个路口、如何在一只股票上投资并赚到钱，这类不完全信息的决策型的问题，需要持续地与环境进行交互、收集反馈、优化策略，这些也正是强化学习的强项。而模拟环境（模拟器）作为强化学习生根发芽的土壤，也是一个重要的研究方向。

在人工智能概念被提出60年后，我们真正进入了一个人工智能的时代。在这次人工智能浪潮中，人工智能技术持续不断地高速发展着，最终将深刻改变各行各业和我们的日常生活。发展人工智能的最终目标并不是要替代人类智能，而是通过人工智能增强人类智能。人工智能可以与人类智能互补，帮助人类处理许多能够处理但又不擅长的工作，使得人类从繁重的重复性工作中解放出来，转而专注于发现、创造的工作。有了人工智能的辅助，人类将会进入一个知识积累加速增长的阶段，最终带来方方面面的进步。人工智能在这一路的发展历程中，已经给人们带来了很多的惊喜与期待。只要我们能够善用人工智能，相信在不远的未来，人工智能技术一定能实现更多的不可能，带领人类进入一个充满无限可能的新纪元。

第二章　知识表示与搜索策略

第一节　知识表示

一、状态空间表示

问题求解(problem solving)是个大课题，它涉及归约、推断、决策、规划、常识推理、定理证明、相关过程等核心概念。在分析人工智能研究中运用的问题求解方法之后，就会发现很多问题的求解方法是采用试探搜索方法的。也就是说，这些方法是通过在某个可能的解空间内寻找一个解来求解问题的。这种基于解答空间的问题表示和求解方法就是状态空间法，它是以状态和算符为基础来表示和求解问题的。

现实世界中的问题求解过程实际上可以看作是一个搜索或者推理的过程。推理过程实际上也是一个搜索过程，它要在知识库中搜索和前提条件相匹配的规则，然后利用这些规则进行推理，所以任何问题求解的本质都是一个搜索过程。

（一）问题状态描述

1. 状态的基本概念

状态（state）是为了描述某类不同事物间的差别而引入的一组最少变量 $q_0, q_1, \cdots, q_n$ 的有序集合，其矢量形式如下式所示：

$$Q = [q_0, q_1, \cdots, q_n]^T$$

式中，每个元素 $q_i (i = 0, 1, \cdots, n)$ 为集合的分量，称为状态变量。给定每个分量一组值就得到一个具体的状态，如下式所示：

$$Q_k = [q_{0k}, q_{1k}, \cdots, q_{mk}]^T$$

使问题从一种状态变化为另一种状态的手段称为操作符或算符。操作符可为走步、过程、规则、数学算子、运算符号或逻辑符号等。

问题的状态空间（state space）是一个表示该问题全部可能状态及其关系的图，它包含 3 种说明的集合，即所有可能的问题的初始状态集合 S 、操作符集合 F 以及目标状态集合 G 。

因此，可把状态空间记为三元状态(S, F, G)。

2. 状态空间的表示法

对一个问题的状态描述，必须确定3件事：

（1）该状态描述方式，特别是初始状态描述。

（2）操作符集合及其对状态描述的作用。

（3）目标状态描述的特性。

（二）状态图示法

图论中几个常用的术语：

节点（node）：图形上的汇合点，用来表示状态和时间关系的汇合，也可以用来指示通路的汇合。

弧线（arc）：节点间的连接线。

有向图（directed graph）：一对节点用弧线连接起来，从一个节点指向另外一个节点。

后继节点（descendant node）与父辈节点（parent node）：如果某条弧线从节点n_i指向节点n_j，那么节点n_j就称为节点i的后继节点，而节点i称为节点j的父辈节点或祖先。

路径：某个节点序列$(n_{i1}, n_{i2}, \cdots, n_{it})$当$j=2,3,\cdots,k$时，如果对于每一个$n_{i,j-1}$都有一个后继节点$n_{ij}$存在，那么就把这个节点序列称为从节点$n_{i1}$至节点$n_{ik}$的长度为$k$的路径。

代价（cost）是给各弧线指定数值以表示加在相应算符上的代价。如果从节点i至节点j存在一条路径，那么就称节点j是从节点i可达到的节点。两节点间路径的代价等于连接路径上各节点的所有弧线代价之和。最小者称为最小代价路径。

图的显式和隐式表示：

显式表示：各节点及其具有代价的弧线由一张表明确给出。此表可能列出该图中的每一节点、它的后继节点以及连接弧线的代价。

隐式表示：节点的无限集合$\{s_i\}$作为起始节点是已知的。后继节点算符Γ也是已知的，它能作用于任一节点以产生该节点的全部后继节点和各连接弧线的代价。

一个图可由显式说明也可由隐式说明。显然，显式说明对于大型的图是不切实际的，而对于具有无限节点集合的图则是不可能的。

引入后继节点算符的概念是方便的。后继节点算符Γ也是已知的，它能作用于任一节点以产生该节点的全部后继节点和各连接弧线的代价（用状态空间术语来说，后继算符是由适用于已知状态描述的算符集合所确定的）。把后继算符应用于$\{s_i\}$的成员和它们的后继节点以及这些后继节点的后继节点，如此无限制地进行下去，最后使得由Γ和$\{s_i\}$所规定的隐式图变为显示图。把后继算符应用于节点的过程，就是扩展一个节点的过程。

1. 产生式系统

一个产生式系统由下列 3 个部分组成：

（1）一个总数据库（global database），它含有与具体任务有关的信息。

（2）一套规则，它对数据库进行操作运算。每条规则由左右两部分组成，左部鉴别规则的适用性或先决条件，右部描述规则应用时所完成的动作。应用规则来改变数据库。

（3）一个控制策略，它确定应该采用哪一条适用规则，而且当数据库的终止条件满足时，就停止计算。

2. 状态空间表示举例

图 2-1 所示为猴子与香蕉问题的状态空间。图中，a、b、c分别表示猴子、箱子、香蕉的水平位置。

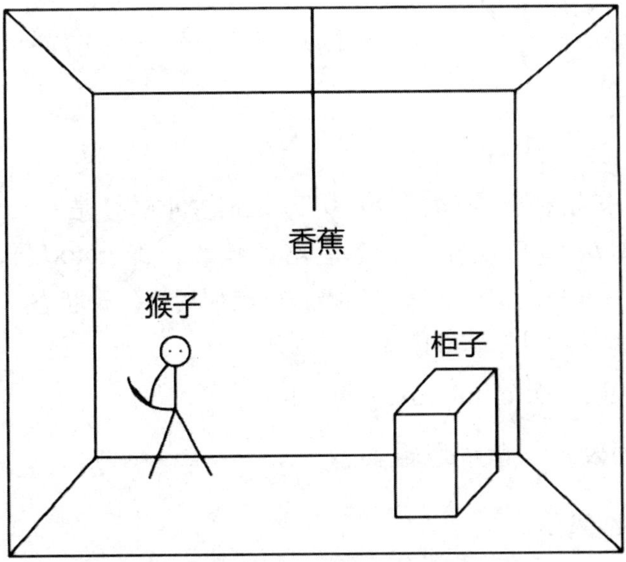

图 2-1　猴子与香蕉问题

状态空间用四元组(W, x, y, z)表示，其中：

W——猴子的水平位置；

x——当猴子在箱子顶上时取 $x=1$；否则取 $x=0$；

y——箱子的水平位置；

z——当猴子摘到香蕉时取 $z=1$；否则取 $z=0$。

初始状态是 $(a, 0, b, 0)$，目标状态是 $(c, 1, c, 1)$。

操作符：

（1）猴子在当前位置 W 走到水平位置 U：

goto(U)：

$(W, 0, y, z) > (U, 0, y, z)$

注：猴子必须不在箱子上。

（2）猴子将箱子从 W 位置推到水平位置 V：

pushbox (V)：

$(W, 0, W, z) > (V, 0, V, z)$

注：猴子与箱子必须在同一位置。

（3）猴子爬到箱子上：

climbbox ：

$(W, 0, W, z) > (W, 1, W, z)$

（4）猴子摘到香蕉：

grasp ：

$(c, 1, c, 0) > (c, 1, c, 1)$

求解过程：令初始状态为 $(a, 0, b, 0)$。这时 goto(U) 是唯一适用的操作，并导致下一状态 $(U, 0, b, 0)$。现在有 3 个适用的操作，即 goto(U)、pushbox (V) 和 climbbox （若 $U=b$）。把所有适用的操作继续应用于每个状态。

把该初始状态变换为目标状态的操作序列为：

{goto(b), pushbox(c), climbbox, grasp }

二、问题归约表示与谓词逻辑表示

（一）问题归约表示

问题归约（problem reduction）是另一种问题描述与求解的方法。

①先把问题分解为子问题和子 - 子问题，然后解决较小的问题。

②对该问题某个具体子集的解答就意味着对原始问题的一个解答。

1. 问题归约描述

（1）问题归约法的概念

已知问题的描述，通过一系列变换把此问题最终变为一个子问题集合，这些子问题的解可以直接得到，从而解决了初始问题。

该方法也就是从目标（要解决的问题）出发逆向推理，建立子问题以及子问题的子问题，直至最后把初始问题归约为一个平凡的本原问题集合。这就是问题归约的实质。

（2）问题归约法的组成部分

①一个初始问题描述。

②一套把问题变换为子问题的操作符。

③一个本原问题描述。

问题归约方法可以应用状态、算符和目标这些表示法来描述问题，这并不意味着问题归约法和状态空间法是一样的。

2. 与或图表示

（1）与或图的概念

用一个类似图的结构来表示把问题归约为后继问题的替换集合，这种结构图称为问题归纳图，也称与或图。

例如，设想问题 A 需要由求解问题 B、C 和 D 来决定，那么可以用一个与图来表示，各节点之间用一段小圆弧连接标记；同样，一个问题 A 或者由求解问题 B 或者由求解问题 C 来决定，则可以用一个或图来表示。

（2）与或图的有关术语

①父节点：一个初始问题或是可分解为子问题的问题节点。

②子节点：一个初始问题或是子问题分解的子问题节点。

③或节点：只要解决某个问题就可解决其父辈问题的节点集合。

④与节点：只有解决所有子问题，才能解决其父辈问题的节点集合。

⑤有向弧线：父辈节点指向子节点的带箭头连线。

⑥终叶节点：对应于原问题的本原节点。

（3）与或图的有关定义

①可解节点的一般定义

A. 终叶节点是可解节点（因为它们与本原问题相关联）。

B. 如果某个非终叶节点含有或后继节点，那么只有当其后继节点至少有一个是可解的时，此非终叶节点才是可解的。

C. 如果某个非终叶节点含有与后继节点，那么只要当其后继节点全部为可解时，此非终叶节点才是可解的。

②不可解节点的一般定义

A. 没有后裔的非终叶节点为不可解节点。

B. 如果某个非终叶节点含有或后继节点，那么只有当其全部后裔为不可解时，此非终叶节点才是不可解的。

C. 如果某个非终叶节点含有与后继节点，那么只要当其后裔至少有一个为不可解时，此非终叶节点才是不可解的。

（4）与或图构图规则

①与或图中的每个节点代表一个要解决的单一问题或问题集合。图中所含起始节点对应于原始问题。

②对应于本原问题的节点，称为终叶节点，它没有后裔。

③对于把算符应用于问题的每种可能情况，都把问题变换为一个子问题集合；有向弧线自问题指向后继节点，表示所求得的子问题集合。

④一般对于代表两个或两个以上子问题集合的每个节点，有向弧线从此节点指向此子问题集合中的各个节点。

（二）谓词逻辑表示

在这种方法中，知识库可以看成一组逻辑公式的集合，知识库的修改是增加或删除逻辑公式。使用逻辑法表示知识，需要将以自然语言描述的知识通过引入谓词、函数来加以形式描述，获得有关的逻辑公式，进而以机器内部代码表示。在逻辑法表示下可采用归结法或其他方法进行准确的推理。

谓词逻辑表示法建立在形式逻辑的基础上，具有下列优点：谓词逻辑表示法对如何由简单说明构造复杂事物的方法有明确、统一的规定，并且有效地分离了知识和处理知识的程序，结构清晰；谓词逻辑与数据库，特别是与关系数据库有密切的关系；一阶谓词逻辑具有完备的逻辑推理算法；逻辑推理可以保证知识库中新旧知识在逻辑上的一致性和演绎所得结论的正确性；逻辑推理作为一种形式推理方法，不依赖于任何具体领域，具有较大的通用性。

谓词逻辑表示法也存在着下列缺点：难于表示过程和启发式知识；由于缺乏组织原则，使得知识库难于管理；由于弱证明过程，当事实的数目增大时，在证明过程中可能产生组合爆炸；表示的内容与推理过程的分离，推理按形式逻辑进行，内容所包含的大量信息被抛弃，这样使得处理过程加长、工作效率低。谓词逻辑适合表示事物的状态、属性、概念等事实性的知识，以及事物间确定的因果关系，但是不能表示不确定性的知识，以及推理效率很低。

1. 语法和语义

谓词逻辑的基本组成部分是谓词符号、变量符号、函数符号和常量符号，并用圆括号、方括号、花括号和逗号隔开，以表示辖域内的关系。

原子公式是由若干谓词符号和项组成的，只有当其对应的语句在定义域内为真时，才具有值 T（真）；而当其对应的语句在定义域内为假时，该原子公式才具有值 F（假）。

2. 连词和量词

连词有∧（与）、∨（或），全称量词（∀ x），存在量词（∃ x）。

原子公式是谓词演算的基本积木块，运用连词能够组合多个原子公式以构成比较复杂的合式公式。

3. 有关定义

用连词∧把几个公式连接起来而构成的公式称为合取，而此合取式的每个组成部分称为合取项。由一些合式公式所构成的任一合取也是一个合式公式。

用连词∨把几个公式连接起来所构成的公式称为析取，而此析取式的每一组成部分称为析取项。由一些合式公式所构成的任一析取也是一个合式公式。

用连词→连接两个公式所构成的公式称为蕴含。蕴含的左式称为前项，右式称为后项。如果前项和后项都是合式公式，那么蕴含也是合式公式。

前面具有符号“～”的公式称为否定。一个合式公式的否定也是合式公式。

量化一个合式公式中的某个变量所得到的表达式也是合式公式。如果一个合式公式中某个变量是经过量化的，就把这个变量称为约束变量，否则称为自由变量。在合式公式中，感兴趣的主要是所有变量都是受约束的。这样的合式公式称为句子。

（三）置换与合一

1. 置换

一个表达式的置换就是在该表达式 E 中用置换项 s 置换变量，记作 E_s。

一般说来，置换是可结合的，但置换是不可交换的。

举例说明：表达式 $P[x, f(y), B]$ 的一个置换为 $s_1=\{z / x, w / y\}$，则 $P[x, f(y), B]\, s_1 = P[z, f(w), B]$。

2. 合一

寻找项对变量的置换，以使两表达式一致，称为合一（unification）。如果一个

置换 s 作用于表达式集 $\left\{E_i\right\}$ 的每个元素，则用 $\left\{E_i\right\}s$ 来表示置换例的集。称表达式集 $\left\{E_i\right\}$ 是可合一的，如果存在一个置换 s 使得 $E_1s=E_2s=E_3s=\cdots$，那么称此 s 为 $\left\{E_i\right\}$ 的合一置换，因为 s 的作用是使集合 $\left\{E_i\right\}$ 成为单一形式。

三、语义网络表示与框架表示

（一）语义网络表示

语义网络的基本概念：语义网络是知识的一种结构化图解表示，它由节点和弧线或连线组成。节点用于表示实体、概念和情况等，弧线用于表示节点间的关系。

语义网络表示由以下 4 个相关部分组成：

①词法部分：决定表示词汇表中允许有哪些符号，它涉及各个节点和弧线。

②结构部分：叙述符号排列的约束条件，指定各弧线连接的节点对。

③过程部分：说明访问过程，这些过程能用来建立和修正描述，以及回答相关问题。

④语义部分：确定与描述相关的（联想）意义和方法，即确定有关节点的排列及其占有物和对应弧线。

语义网络具有以下特点：

①能把实体的结构、属性与实体间的因果关系显式而简明地表达出来，与实体相关的事实、特征和关系可以通过相应的节点弧线推导出来。

②由于与概念相关的属性和联系被组织在一个相应的节点中，因而使概念易于受访和学习。

③表现问题更加直观，更易于理解，适于知识工程师与领域专家沟通。

④语义网络结构的语义解释依赖于该结构的推理过程而没有结构的约定，因而得到的推理不能保证像谓词逻辑法那样有效。

⑤节点间的联系可能是线状、树状或网状的，甚至是递归状的结构，使相应的知识存储和检索可能需要比较复杂的过程。

1. 二元语义网络的表示

用两个节点和一条弧线可以表示一个简单的事实，对于表示占有关系的语义网络，通过允许节点既可以表示一个物体或一组物体，也可以表示情况和动作。每一情况节点可以有一组向外的弧（事例弧），称为事例框，用以说明与该事例有关的各种变量。

在选择节点时，首先要弄清节点是用于表示基本的物体或概念的，还是用于多种目的的。如果语义网络只被用来表示一个特定的物体或概念，那么当有更多的实例时就需要更多的语义网络。

选择语义基元就是试图用一组基元来表示知识。这些基元描述基本知识，并以图解表示的形式相互联系。

2. 多元语义网络的表示

语义网络是一种网络结构，节点之间以链相连。从本质上讲，节点之间的连接是二元关系。语义网络从本质上来说，只能表示二元关系，如果所要表示的事实是多元关系，则把这个多元关系转化成一组二元关系的组合，或二元关系的合取。具体来说，多元关系 $R\left(X_1,X_2,\cdots,X_n\right)$ 总可以转换成 $R_1\left(X_{11},X_{12}\right)\wedge R_2\left(X_{12},X_{22}\right)\wedge\cdots\cdots\wedge R_n\left(X_{n1},X_{n2}\right)$。要在语义网络中进行这种转换需要引入附加节点。

3. 语义网络的推理过程

语义网络、框架和剧本等知识表示方法，均是对知识和事实的一种静止的表达方法，是知识的一种显式表达形式。而对于如何使用这些知识，则通过控制策略来决定。和知识的陈述式表示相对应的是知识的过程式表示。所谓过程式表示，就是将有关某一问题领域的知识，连同如何使用这些知识的方法，均隐式地表达为一个求解问题的过程。它所给出的是事物的一些客观规律，表达的是如何求解问题。知识的描述形式就是程序，所有信息均隐含在程序之中。从程序求解问题的效率上来说，过程式表达要比陈述式表达高得多。但因其知识均隐含在程序中，因而难以添加新知识和扩充功能，适用范围较窄。

语义网络的推理过程：用语义网络表示知识的问题求解系统主要由两大部分组成，一部分是由语义网络构成的知识库；另外一部分是用于求解的推理机制。

（1）语义网络的推理过程主要有两种

①继承：是指把对事物的描述从抽象节点传递到实例节点。通过继承可以得到所需节点的一些属性值，它通常是沿着 ISA、AKO 等继承弧进行的。

②匹配：是指在知识库的语义网络中寻找与待求解问题相符的语义网络模式。

（2）两个概念：语义网络的值与槽

①值：链的尾部的节点称为值节点。

②槽：节点的槽相当于链，不过取不同的名字而已。

在语义网络中所谓的继承是把对事物的描述从概念节点或类节点传递到实例节点。

（3）继承的过程

①“如果需要”继承：在某些情况下，当不知道槽值时，可以利用已知信息来计算。例如，可以根据积木的体积和密度来计算积木的质量。进行上述计算的程序称为 if-needed 程序。

②“缺省”继承：某些情况下，如果对事物所作的假设不是十分有把握，最好对所

作的假设加上“可能”这样的字眼。例如，可以认为宝石可能是昂贵的，但不一定是。我们把这种具有相当程度的真实性，但是又不能十分肯定的值称为“缺省”值。

（二）框架表示

框架理论是明斯基(Minsky)在视觉、自然语言对话及其他复杂行为的基础上提出的。

框架理论认为人们对现实世界中各种事物的认识都是以一种类似于框架的结构存储在记忆中的。当遇到一个新事物时，就从记忆中找出一个合适的框架，并根据新的情况对其细节加以修改、补充，从而形成对这个新事物的认识。例如，一个人走进一家从未去过的饭店前，会根据以往的经验，想象到在饭店里将看到菜单、餐桌、服务员等。至于菜单的样式、餐桌的颜色、服务员的服饰等细节，都需要在进入饭店之后通过观察来得到。这样的一种知识结构是事先可以预见到的。

根据以往经验去认识新事物的方法是人们经常采用的。但是，人们不可能把过去的经验全部存在脑子里，而只能以一种通用的数据结构形式把它们存储起来，当新情况发生时，只要把新的数据加入该通用数据结构中便可形成一个具体的实体，这样的通用数据结构就称为框架。

对于一个框架，当人们把观察或认识到的具体细节填入后，就得到了该框架的一个具体实例，框架的这种具体实例称为实例框架。

在框架理论中，框架是知识的基本单位，把一组有关的框架连接起来，便可形成一个框架系统。在框架系统中，系统的行为由该系统内框架的变化来实现，系统的推理过程由框架之间的协调来完成。

1. 框架的构成

（1）框架基本结构

框架通常由描述事物的各个方面的若干槽（slot）组成，每一个槽又可以根据实际情况拥有若干侧面（aspect），每一个侧面也可以拥有若干值（value）。在框架系统中，每个框架都有自己的名字，称为框架名，同样，每个槽和侧面也都有自己的槽名和侧面名。

框架的槽值和侧面值，既可以是数字、字符串、布尔值，也可以是一个给定的操作，甚至可以是另外一个框架的名字。当其值为一个给定的操作时，系统可以通过在推理过程中调用该操作，实现对侧面值的动态计算或修改等。当其值为另一个框架的名字时，系统可以通过在推理过程中调用该框架，实现这些框架之间的联系。为了说明框架的这种基本结构，下面先看一个比较简单的框架的例子。

Frame<MASTER>

Name：Unit（Last name，First name）

Sex：Area（male，female）

Default：male

Age：Unit（Years）

Major：Unit（Major）

Field：Unit（Field）

Advisor：Unit（Last name，First name）

Project：Area（National，Provincial，other）

Default：National

Paper：Area（SCI，EI，Core，General）

Default：Core

Address：<S-Address>

Telephone：HomeUnit（Number）

MobileUnit（Number）

这个框架共有 10 个槽，分别描述了一个硕士研究生在姓名（Name）、性别（Sex）、年龄（Age）、专业（Major）、研究方向（Filed）、导师（Advisor）、参加项目（Project）、发表论文（Paper）、住址（Address）、电话（Telephone）这 10 个方面的情况。其中，性别、参加项目、发表论文这三个槽中的第二个侧面均为默认值；电话槽的两个侧面分别是住宅电话（Home）和移动电话（Mobile）。

该框架的每个槽或侧面都给出了相应的说明信息，这些说明信息用来指出填写槽值或侧面值时的一些格式限制。其中，单位用来指出填写槽值或侧面值时的书写格式。例如，姓名槽和导师槽应该按先写姓（Last Name）、后写名（First Name）的格式填写；学习专业槽应该按专业名（Major）填写；研究方向槽应该按方向名（Field）填写；住宅电话、移动电话侧面应按电话号码填写。范围（Area）用来指出所填写槽值仅能在指定范围内选择槽值。例如，参加项目槽只能在国家级（National）、省级（Provincial）、其他（Other）这 3 种级别中挑选；发表论文槽只能在 SCI 收录、EI 收录、核心（Core）刊物、一般（General）刊物这 4 种类型中选择槽值。默认值（Default）用来指出当相应槽没有插入槽值时，以默认值作为该槽的槽值，可以节省一些填槽工作。例如，参加项目槽，当没填入任何信息时，就以默认值国家级（National）作为该槽的槽值；发表论文槽，当没有填入任何信息时，就以默认值核心期刊（Core）作为该槽的槽值。尖括号“<>”表示由它括起来的是框架名。例如，住址槽的槽值是学生住址框架的框架名 S-Address。

在框架中给出这些说明信息，可以使框架的问题描述更加清楚。但这些说明信息并非必需的，框架表示也可以进一步简化，省略其中的Unit、Area、Default，而直接放置槽值或侧面值。

（2）多框架表示

上面给出的仅是一种框架的基本结构和一个比较简单的例子。一般来说，单个框架只能用来表示那些比较简单的知识。当知识的结构比较复杂时，往往需要用多个相互联系的框架来表示。例如分类问题，如果用多层框架结构表示，既可以使知识结构清晰，又可以减少冗余。为了便于理解，下面以硕士研究生框架为例来进行说明。

这里把MASTER框架用两个相互联系的Student框架和Master框架来表示。其中，Master框架是Student框架的一个子框架。Student框架描述所有学生的共性，Master框架描述硕士研究生的个性，并继承Student框架的所有属性。

Frame〈Student〉

Name：Unit（Last name，First name）

Sex：Area（male，female，）

Default，male

Age：Unit（Years）

If-Needed：Ask-Age

Address：〈S-Address〉

Telephone：Home Unit（Number）

Mobile Unit（Number）

If-Needed：Ask-Telephone

Frame〈MASTER〉

AKO：Student

Major：Unit（Major）

If-Needed：Ask-Major

If-Added：Check-Major

Field：Unit（Field）

If-Needed：Ask-Field

Advisor：Unit（Last name，First name）

If-Needed：Ask-Advisor

Project：Area（National，Provincial，Other）

Default：National

Paper：Area（SCI，EI，Core，General）

Default：Core

在 Master 框架中，用到了一个系统预定义槽名 AKO。所谓系统预定义槽名，是指框架表示法中事先定义好的可公用的一些标准槽名。框架中的预定义槽名 AKO 与语义网络中的 AKO 弧的含义相似，其直观含义为“是一种”。当 AKO 作为下层框架的槽名时，其槽值为上层框架的框架名，表示该下层框架是 AKO 槽所给出的上层框架的子框架，并且该子框架可以继承其上层框架的属性和操作。

框架的继承技术通常由框架中设置的 3 个侧面：Default、If-Needed、If-Added 所提供的默认推理功能来组合实现。Default 侧面的作用是为相应的槽提供默认值，当其所在的槽没有提供槽值时，系统就可以以此侧面值作为该槽的槽值。例如，Paper 槽的默认值为 Core。If-Needed 侧面的作用是提供一个为相应槽赋值的过程，当某个槽不能提供统一的默认值时，可在该槽增加一个 If-Needed 侧面，系统通过调用该侧面提供的过程，产生相应的属性值。例如，Age 槽、Telephone 槽等。If-Added 侧面的作用是提供一个因相应槽的槽值变化而引起的后继处理过程，当某个槽的槽值变化会影响到一些相关的槽时，需要在该槽增加一个 If-Add-ed 侧面，系统通过调用该侧面提供的过程去完成对其相关槽的后继处理。例如，Major 槽，由于 Major 的变化，可能会引起 Field 和 Advisor 的变化，因为需要调用 If-Added 侧面提供的 Check-Major 过程进行后继处理。

（3）框架系统

当用框架来描述一个复杂知识时，往往需要用一组相互联系的框架来表示，这组相互联系的框架称为框架系统。在实际应用中，绝大多数的问题都是用框架系统来表示的。

2. 框架的推理

在框架系统中，问题的求解主要是通过对框架的继承、匹配、填槽来实现的。当需要求解问题时，首先要把该问题用框架表示出来。然后利用框架之间的继承关系，把它与知识库中的已有框架进行匹配，找出一个或多个候选框架，并在这些候选框架引导下进一步获取附加信息，填充尽量多的槽值，以建立一个描述当前情况的实例。最后，用某种评价方法对候选框架进行评价，以决定是否接收该框架。

（1）特性继承

框架系统的特性继承主要是通过 ISA 和 AKO 链来实现的。当需要查询某一事物的某个属性，且描述该事务的框架为提供其属性值时，系统就沿 ISA 和 AKO 链追溯到具有相同槽的类或超类框架。这时，如果该槽提供有 Default 侧面值，就继承该默认值作为查询结果返回。否则，如果该槽提供有 If-Needed 侧面供继承，则执行 If-Needed 操作，去产生一个值作为查询结果。如果对某个事物的某一属性进行了赋值或修改操作，则系统会自动沿 ISA 和 AKO 链追溯到具有相应的类或超类的框架，只要发现类或超类框架中的同名槽具有 If-Added 侧面，就执行 If-Added 操作，进行相应的后继处理。

If-Needed 操作和 If-Added 操作的主要区别在于，它们的激活时机和操作目的不同。If-Needed 操作是在系统试图查询某个事物框架中未记载的属性值时激活，并根据查询要求，被动地及时产生所需要的属性值。If-Added 操作是在系统对某个事物框架的属性做赋值或修改工作后激活，目的在于通过规定的后继处理，主动做好配套操作，以消除可能存在的不一致问题。

（2）框架的匹配和填槽

框架的匹配实际上是通过对相应槽的槽名和槽值逐个进行比较来实现的。如果两个框的各对应槽没有矛盾，或者满足预先规定的某些条件，就认为这两个框架可以匹配。由于框架间存在继承关系，一个框架所描述的某些属性及属性值可能是从超类框架继承过来的，因此，两个框架的比较往往会涉及超类框架，这就增加了匹配的复杂性。

框架系统的问题求解过程与人类求解问题的思维过程有许多相似之处。首先根据当前已知条件对知识库中的框架进行部分匹配，找出预选框架。并且由这些框架中其他槽的内容及框架间的联系得到启发，提出进一步的要求，使问题的求解向前推进一步。重复进行这一过程，直到问题得到最终解为止。

第二节　搜索策略

一、搜索过程与问题分析

人工智能早期的目的是通过计算技术来求解这样一些问题：它们不存在已知的求解算法或求解方法非常复杂，而人使用其自身的智能都能较好地求解。人们在分析和研究了人运用智能求解的方法后，发现许多问题的求解都是采用试探的搜索方法，即在一个可能的解空间中寻找一个满意解。为模拟这些试探性的问题求解过程而发展的一种技术就称为搜索。

搜索是利用计算机强大的计算能力来解决凭人自身的智能可以解决的问题。其思路很简单，就是把问题的各个可能的解交给计算机来处理，从中找出问题的最终解或一个较为满意的解，从而可以用接近算法的角度，把搜索的过程理解为根据初始条件和扩展规则构造一个解答空间，并在这个空间中寻找符合目标状态的过程。

（一）通过搜索求解问题的思路和步骤

通过搜索求解问题的前提是凭人自身的智能可以解决，因此在搜索之前应对问题有充分的认识，然后再考虑使用合适的搜索算法。一般在搜索时要定义状态空间Q（它包含所占可能的问题状态）、初始状态集合S、操作符集合F及目标状态集合因此，可把状态空间记为三元组（S，F，G），其中 $S \subset Q$，$G \subset Q$。

1. 通过搜索求解问题的基本思路

（1）将问题中的已知条件看成状态空间中的初始状态，将问题中要求达到的目标看成状态空间中的目标状态，将问题中其他可能发生的情况看成状态空间的任一状态；

（2）设法在状态空间寻找一条路径，实现由初始状态出发，能够沿着这条路径达到目标状态。

2. 通过搜索求解问题的基本步骤

（1）根据问题定义出相应的状态空间，确定出状态的一般表示，它含有相关对象各种可能的排列。当然，这里仅仅是定义这个空间，而不必（有时也不可能）枚举出该状态空间的所有状态，但由此可以得出问题的初始状态、目标状态，并能够给出所有其他状态的一般表示；

（2）规定一组操作（算子），使它能够作用于一个状态过渡到另一个状态；

（3）决定一种搜索策略，使其能够实现从初始状态出发，沿某个路径达到目标状态。问题求解的过程是，应用规则和相应的控制策略去遍历或搜索问题空间，直到找出从初始状态到目标状态的某条路径。由此可见，搜索是问题求解的基本技术之一。

（二）问题的特征分析

为选择最适合于某一特定问题的搜索方法，需要对问题的几个关键指标或特征加以分析。一般要考虑以下几点。

①问题可分解成一组独立的、更小的、更容易解决的子问题吗？

②当结果表明解题步骤不合适时，能忽略或撤回该步骤吗？

③问题的全域可预测吗？

④在未与所有其他能解作比较之前，能确定当前的解是最好的解吗？

⑤用于求解问题的知识库是相容的吗？

⑥求解问题一定需要大量的知识吗？或者说，有大量知识时，搜索应加以限制吗？

⑦在求解问题的过程中，需要人机交互吗？

如果问题能分解成若干子问题，则将子问题解出后，原问题的解也就求出来这种求解问题的方法称为问题的归纳。

1. 问题求解步骤的撤回

在问题求解的每一步完成后，分析一下它的搜索“踪迹”，可分为以下几点。

（1）求解步骤可忽略

定理证明，要证明的每一定理都为真，且都保存在知识库里。某个定理是怎样推导出来的对下一步的推导并不重要，它有可能由多种方法推导出来，重要的是它的推导要正确。因而它的搜索控制结构不需要带回溯。

（2）可撤回

走迷宫，实在走不通，可退回一步重来。这种搜索需用回溯技术，保证可以退回。例如，需用一定的控制结构，需采用堆栈技术。

（3）不可撤回

下棋、作决策等问题，要提前分析每走一步后会导致的结果，不可回头重来。这种搜索需要使用规划技术。

2. 问题全域的可预测性

有些问题的全域可预测，该问题空间有哪些状态是可以预测的，问题结局肯定，可采用开环控制结构。

有些问题的全域不可预测，如变化环境下机器人的控制，特别是危险环境下工作的机器人随时可能出意外，必须利用反馈信息，应使用闭环控制结构。

（三）问题要求的解的满意度

解的要求不同，采用的策略也就不相同。一般说来，最佳路径问题的计算比次优路径问题的计算要困难。使用提示来寻找好的路径的启发式方法常常只需要花费少量的时间，便可找出问题求解的任意路径。如果使用的启发式方法不理想，那么对这个解的搜索就不可能很顺利。有些问题要求找出真正的最佳路径，可能任何启发式方法都不适用。因此，必须进行耗尽式搜索，也就是下一节要讲到的盲目搜索方法。

二、搜索的基本策略

本文主要讨论搜索的基本策略，即怎样搜索才可以最有效地达到目标。根据扩展利用问题的特征信息的方式，搜索的基本策略可分为盲目搜索、启发式搜索和随机搜索。

如果扩展没有利用问题的特征信息，一般的搜索方式与我们平时找东西的策略可以说是相同的。

当我们在慌乱之中寻找东西的时候通常使用的就是随机搜索。

当我们在清醒时，有条理地寻找东西的方法大致可以分成两类：一种是找眼镜模式，它指的是眼镜掉了的时候，我们总是从最近的地方开始寻找，慢慢地扩大搜索的范围：另一种是走迷宫模式，它指的是在走迷宫的时候，我们由于无法分身只能一条路走到底，走不通再回溯。

这三种方法分别对应的就是随机搜索、广度搜索和深度搜索。

下边按扩展利用问题的特征信息的方式，分别介绍盲目搜索、启发式搜索和随机搜索。

（一）状态空间的盲目搜索

人工智能虽有多个研究领域，而且每个研究领域又各有自己的规律和特点，但仔细分析可知，它们解决现实问题的过程都是一个“问题求解”的过程。问题求解过程实际是一个搜索过程。为了进行搜索，首先必须用某种形式把问题表示出来，其表示是否适当，将直接影响到搜索效率。状态空间表示法就是用来表示问题及其搜索过程的一种方法。它是人工智能中最基本的形式化方法，也是讨论问题求解技术的基础。用搜索技术来求解问题的系统均定义为一个状态空间，并通过适当的搜索算法在状态空间中搜索解答或解答路径。状态空间搜索的研究焦点在于设计高效的搜索算法，以降低搜索代价并解决组合爆炸问题。

一个复杂问题的状态空间一般都是十分庞大的。另一方面，把问题的全部状态空间都存到计算机中也不是必要的，因为对一个确定的具体问题来说，与解有关的状态空间往往只是整个状态空间的一部分，所以只要能生成并存储这部分状态空间就可求得问题的解。这样，不仅可以避免生成无用的状态而提高问题的求解效率，而且可以节省存储空间。但是，对一个具体问题，如何生成它所需要的部分状态空间从而实现对问题的求解呢？在人工智能中是通过搜索技术来解决这一问题的。其基本思想是：首先把问题的初始状态（即初始节点）作为当前状态，选择适用的算符对其进行操作，生成一组子状态（或称后继状态、后继节点、子节点），然后检查目标状态是否在其中出现。若出现，则搜索成功，找到了问题的解；若未出现，则按某种搜索策略从已生成的状态中再选一个状态作为当前状态。重复上述过程，直到目标状态出现或者不再有可供操作的状态或算符时为止。

下面列出状态空间的一般搜索过程。在此之前先对搜索过程中要用到的两个数据结构（OPEN 表与 CLOSED 表）做些简单说明。

OPEN 表用于存放刚生成的节点，其形式如表 2-1 所示。对于不同的搜索策略，节点在 OPEN 表中的排列顺序是不同的。例如对宽度优先搜索，节点按生成的顺序排列，先生成的节点排在前面，后生成的节点排在后面。

表 2-1　OPEN 表

状态节点	父节点

CLOSED 表用于存放将要扩展或者已扩展的节点，其形式如表 2-2 所示。所谓对一个节点进行“扩展”，是指用合适的算符对该节点进行操作，生成一组子节点。

表 2-2　CLOSED 表

编号	状态节点	父节点

搜索的一般过程如下。

①把初始节点 S_0 放入 OPEN 表，并建立目前只包含 S_0 的图，记为 G。

②检查 OPEN 表是否为空，若为空则问题无解，退出。

③把 OPEN 表的第一个节点取出，放入 CLOSED 表，并记该节点为节点 n。

④考察节点 n 是否为目标节点。若是，则求得了问题的解，退出；若不是，则继续步骤⑤。

⑤扩展节点 n，生成一组子节点。把其中不是节点 n 先辈的那些子节点归入集合 M，并把这些子节点作为节点 n 的子节点加入 G 中。

⑥针对 M 中子节点的不同情况，分别进行如下处理：

a. 对于那些未曾在G中出现过的M成员，设置一个指向父节点（即节点n）的指针，并把它们放入OPEN表；

b. 对于那些先前已在G中出现过的M成员，确定是否需要修改它指向父节点的指针；

c. 对于那些先前已在G中出现并且已经扩展了的M成员，确定是否需要修改其后继节点指向父节点的指针。

⑦按某种搜索策略对OPEN表中的节点进行排序。

⑧转第②步。

根据状态空间搜索的一般过程，可以发现，提高搜索效率的关键在于优化OPEN表中节点的排序方式。若每次排在表首的节点都在最终搜索到的解路径上，则搜索算法不会扩展任何多余的打点就可快速结束搜索。因此节点在OPEN表中的排序方式成为研究搜索算法的焦点，并由此形成了多种搜索策略。

一种简单的排序策略就是按预先确定的顺序或随机地对新加入OPEN表中的节点进行排序，由此得到盲目搜索策略。盲目搜索又称为非启发式搜索，是一种无信息搜索，一般只适用于求解比较简单的问题。下面将要讨论的几个搜索方法，它们均属于盲目搜索方法。

这种盲目的搜索策略根据搜索顺序的不同，可以划分为宽度优先搜索和深度优先搜索两种搜索策略。

1. 宽度优先搜索

在一个搜索树中，如果搜索是以同层邻近节点依次扩展节点的，那么这种搜索就叫宽度优先搜索（breadth-first search）。宽度优先搜索又称为广度优先搜索，是一种盲目搜索策略。其基本思想是，从初始节点开始，逐层对节点进行依次扩展，并考察它是否为目标节点，在对下层节点进行扩展（或搜索）之前，必须完成对当前层的所有节点的扩展（或搜索）。其搜索过程如图2-2所示。

需注意的是，在本节讨论的盲目搜索算法中，存放节点都采用一种简单的数据结构表，表示为将节点按一定的顺序用逗号隔开放在一对括号中，在表的首部和尾部都听以加入和删除节点。

宽度优先搜索算法的搜索步骤如下。

（1）把初始节点S_0放入OPEN表中。

（2）如果OPEN表是空表，则没有解，失败退出；否则继续。

（3）把OPEN表中的第一个节点（记为节点n）移出，并放入CLOSED表中。

（4）判断节点n是否为目标节点，若是，则求解结束，并用回溯法找出解的路径，退出；否则继续。

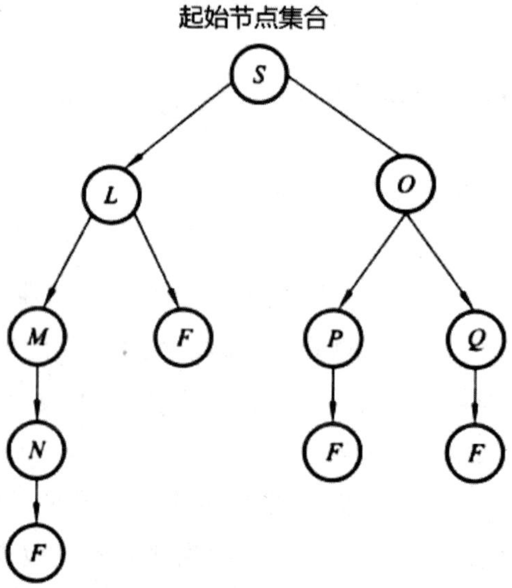

图 2-2　宽度优先搜索的搜索过程示意图

（5）判断节点n是否可扩展。若节点n不可扩展，则转步骤（2）；否则继续。

（6）对节点n进行扩展，将它的所有后继节点放入 OPEN 表的尾部，并为这些后继节点设置指向父节点n的指针，然后转步骤（2）。

宽度优先搜索的盲目性较大，当目标节点距离初始节点较远时，将会产生大量的无用节点。搜索效率低，这是它的缺点。但是，只要问题有解，用宽度优先搜索总可以找到它的解，而且，该解是搜索树中从初始节点到目标节点的路径最短的解，也就是说，宽度优先搜索策略是完备的。

2. 深度优先搜索

与宽度优先搜索对应的另一种盲目搜索叫作深度优先搜索。在深度优先搜索中，首先扩展最新产生的（即最深的）节点到 CLOSED 表中。深度相等的节点可以任意排列。

深度优先搜索的基本思想是：从初始节点S_0开始，在其子节点中选择一个节点进行考察，若该节点不是目标节点则再在该子节点的子节点中选择一个节点进行考察，一直如此向下搜索；当到达某个子节点，且该子节点既不是目标打点又不能继续扩展时，才选择其兄弟节点进行考察。

在深度优先搜索中，搜索一旦进入某个分支，就将沿着该分支一直向下搜索。如果目标节点恰好在此分支上，则可较快地得到解。但是，如果目标节点不在此分支上，而该分支又是一个无穷分支，则就不可能得到解。所以深度优先搜索是不完备的，即使问题有解，它也不一定能求得解。另外，用深度优先搜索求得的解，不一定是路径最短的解，其道理是显然的。

（1）有界深度优先搜索

为了解决深度优先搜索不完备的问题，避免搜索过程陷入无穷分支的死循环，有界深度优先搜索方法被提出。有界深度优先搜索的基本思想是：对深度优先搜索引入搜索深度的界限（设为d_m），当搜索深度达到了深度界限，而尚未出现目标节点时，就换一个分支进行搜索。

有界深度优先搜索的搜索过程如下。

①把初始节点S_0放入 OPEN 表中，置S_0的深度$d\left(S_0\right)$ =0。
②如果 OPEN 表为空，则问题无解，退出；否则继续。
③把 OPEN 表中的第一个节点（记为节点n）取出，放入 CLOSED 表。
④考察节点n是否为目标节点。若是，则求得了问题的解，退出；若不是，则继续。
⑤如果节点n的深$d(n)=d_m$，则转第②步；若不等于，则继续。
⑥考察节点n是否可扩展。若节点n不可扩展，则转第②步；否则继续。
⑦扩展节点n，将其子节点放入 OPEN 表的首部，并为其配置指向父节点的指针，然后转第②步。

如果问题有解，且其路径长度小于或等于d_m则上述搜索过程定能求得解。但是，若解的路径长度大于d_m，则上述搜索过程就得不到解。这说明在有界深度优先搜索中，深度界限的选择是很重要的。但这并不是说深度界限越大越好，因为当d_m太大时，搜索时将产生许多无用的子节点，既浪费了计算机的存储空间与运行时间，又降低了搜索效率。

（2）迭代加深搜索

由于解的路径长度事先难以预料，所以要恰当地给出d_m的值是比较困难的。另外，即使能求出解，它也不一定是最优解。为此，可采用下述办法进行改进：

先任意给定一个较小的数作为d_m，然后进行上述有界深度优先搜索，当搜索达到了指定的深度界限d_m仍未发现目标节点，并且 CLOSED 表中仍有待扩展节点时，就将这些节点送回 OPEN 表，同时增大深度界限d_m，继续向下搜索。如此不断地增大d_m，只要问题有解，就一定可以找到它。但此时找到的解不一定是最优解。为找到最优解，可增设一个表，每找到一个目标节点后，就把它放入该表的首部并令d_m等于该目标节点所对应的路径长度，然后继续搜索。由于后求得的解的路径长度不会超过先求得的解的路径长度，所以最后求得的解一定是最优解。

这就是迭代加深搜索的基本思想，其算法如下。

①设置当前深度界限 $d_m = 0$。

②把 S_0 放入 OPEN 表中，置£的深度 $d\left(S_0\right) = 0$。

③若 OPEN 表为空，则转至步骤⑧；否则继续。

④取 OPEN 表中首部第一个节点放入 CLOSED 表中，令该节点为 x 并以顺序编号 $(1,2,\cdots,n)$。

⑤若节点 x 的深度 $d(x) = d_m$（深度界限），或者节点 x 无子节点，则转至步骤⑧；否则继续。

⑥若目标状态节点就是节点 x，则成功，结束；否则继续。

⑦扩展节点 x，将其所有子节点 x_1 配上指向 x 的返回指针后依次放入 OPEN 表的首部，$d\left(x_1\right) = d(x)+1$，转至步骤③。

⑧若 d_m 小于最大节点深度，则 d_m +1，返回步骤②；否则，搜索失败，退出。

迭代加深搜索试图尝试所有可能的深度界限：首先深度为 0，然后为 1，2，……一直进行下去。由于很多节点可能重复搜索，因此迭代加深搜索看起来会很浪费时间和存储空间，但实际上前一次搜索与后一次相比是微不足道的，这是因为一棵树的分支因子很大时，几乎所有的节点部在底层，对于上面各层次节点的多次重复扩展，对整个系统来说影响不是很大。

3. 有代价的搜索策略

在前面的搜索算法讨论中，没有考虑搜索的代价问题，即假设状态空间图中各节点之间有向边的代价是相同的，且都为一个单位量，也就是说从状态空间图中的任一个状态转换到另一个状态所付出的代价是一样的。由此，在求解一个问题时，所付出的总代价即从状态空间图的初始节点到达目标节点的解路径的长度。然而，在实际问题求解中，将一个状态变换成另一个状态时所付出的操作代价（或费用）往往是不一样的，也就是状态空间图中各有向边的代价是不一样的。那么采用何种搜索策略，才能保证付出的代价最小呢？

像前面所说的，不可能将状态空间图的全部状态节点输入计算机中，计算机仅仅存储逐步扩展过程中所形成的搜索树。把有向边上标有代价的搜索树称为代价搜索树，简称代价树。

在代价树中把从节点 i 到其后继节点 j 的路径之代价记为 $c(i, j)$，而把从初始节点

S_0 到任意节点 x 的路径代价记为 $g(x)$，则 $g(j)=g(i)+c(i,j)$。

（1）代价树的宽度优先搜索

代价树的宽度优先搜索算法的基本思想是：每次从 OPEN 表中选择一个代价最小的节点，移入 COLSED 表。因此，每当对一节点扩展之后，就要计算其所有后继节点的代价，并将它们与 OPEN 表中已有的待扩展的节点按代价的大小从小到大依次排序。而从 OPEN 表选择被扩展节点时即选择排在最前面的节点（代价最小）。

代价树的宽度优先搜索算法如下。

①把初始节点 S_0 放 AOPEN 表，$g\left(S_0\right)$ =0。

②如果 OPEN 表为空，则问题无解，退出；否则继续。

③把 OPEN 表中代价最小的节点，即排在前端的第一个节点（记为节点 n），移入 CLOSED 表中。

④如果节点 n 是目标节点，则求得问题的解，退出；否则继续。

⑤判断节点 n 是否可扩展，若不可扩展则转步骤②；否则转步骤⑥。

⑥对节点 n 进行扩展，将它们所有的后继节点放入 OPEN 表中，并对每个后继节点 j 计算其代价 $g(j)=g(n)+c(n,j)$，为每个后继节点设置指向节点 n 的指针。

⑦对 OPEN 表中的所有节点按其代价进行从小到大的排序。转向步骤②。

（2）代价树的深度优先搜索

代价树的深度优先搜索和宽度优先搜索的区别是：宽度优先搜索算法每次从 OPEN 表的全体节点中选择代价最小的节点移入 CLOSED 表中，并对这一节点进行扩展或判断（是否为目标节点）；而深度优先搜索法则是从刚刚扩展的节点的后继节点中选择一个代价最小的节点移入 CLOSED 表中，并进行扩展或判断。

代价树的深度优先搜索算法如下。

①把初始节点 S_0 放入 OPEN 表中。

②如果 OPEN 表为空，则问题无解，退出；否则继续。

③把 OPEN 表的第一个节点（记为节点 n）取出，放入 CLOSED 表。

④考察节点 n 是否为目标节点。若是，则求得了问题的解，退出；若不是，则继续。

⑤考察节点 n 是否可扩展。若节点 n 不可扩展，则转第②步；若可扩展，则继续。

⑥扩展节点 n，将其子节点按边代价从小到大的顺序放到 OPEN 表的首部，并为各子节点配置指向父节点的指针，然后转第②步。

在第⑥步中提到按“边代价”对子节点排序，这是因为子节点 x_2 的代价 $g\left(x_2\right)$ 为

$$g\left(x_2\right)=g\left(x_1\right)+c\left(x_1,x_2\right)$$

式中 x_1 为 x_2——的父节点

由于在代价树的深度优先搜索中，只是从子节点中选取代价最小者，因此对各子节点代价的比较实质上是对边代价 c 的比较，它们的父节点都是 x_1，有相同的 $g\left(x_1\right)$。

（二）状态空间的启发式搜索

前面讨论的各种搜索方法都是非启发式搜索，它们或者是按事先规定的路线进行搜索，或者是按已经付出的代价决定下一步要搜索的节点。例如，宽度优先搜索是按“层”进行搜索的，先进入OPEN表的节点先被考察；深度优先搜索是沿着纵深方向进行搜索的，后进入OPEN表的节点先被考察；代价树的宽度优先搜索是根据OPEN表中全体节点已付出的代价（即从初始节点到该节点路径上的代价）来决定哪一个节点先被考察；而代价树的深度优先搜索是在当前节点的子节点中挑选代价最小的节点作为下一个被考察的节点。它们的一个共同特点是都没有利用问题本身的特征信息，在决定要被扩展的节点时，都没有考虑该节点在解的路径上的可能性有多大，它是否有利于问题求解，以及求出的解是否为最优解等。因此，这些搜索方法都具有较大的盲目性，产生的无用节点较多，搜索空间较大，效率不高。为了克服这些局限性，可用启发式搜索。

启发式搜索要用到问题自身的某些特征信息，以指导搜索朝着最有希望的方向前进。由于这种搜索针对性较强，因此原则上只需要搜索问题的部分状态空间，效率较高。

1. 启发信息与估价函数

在搜索过程中，关键的一步是确定如何选择下一个要被考察的节点，不同的选择方法即不同的搜索策略。如果在确定要被考察的节点时，能够利用被求解问题的有关特征信息，估计出各节点的重要性，那么就可以选择重要性较高的节点进行扩展，以便提高求解的效率。像这样可用于指导搜索过程且与具体问题求解有关的控制性信息称为启发信息。其实，启发信息按其作用可以分为以下三种。

（1）用于决定要扩展的下一个节点，以免像在宽度优先搜索或深度优先搜索中那样盲目地扩展。

（2）在扩展一个节点的过程中，用于决定要生成哪一个或哪几个后继节点，以免盲目地同时生成所有可能的后继节点。

（3）用于确定某些应该从搜索树中抛弃或修剪的节点。

本节所描述的启发信息实际上属于第一种启发信息，即决定哪个节点是下一步要扩展的节点，把这一节点称为“最有希望的节点”。那么，如何来度量节点的“希望”程度呢？当然可以有多种方法，但不同的方法所考虑的与该问题相关的属性有所不同，通常可以构造一个函数来表示节点的“希望”程度，称这种函数为估价函数。

估价函数的任务就是估计待搜索节点的重要程度，给它们排定次序。如果设估价函数是 $f(x)$，则 $f(x)$ 时以是任意一种函数。如 $f(x)$ 可以表示节点 x 处于最佳路径上的概率，也可以表示节点 x 到目标节点之间的距离。一般说来，估计一个节点的价值时必须考虑两方面的因素：已经付出的代价和将要付出的代价。在这里，我们把估价函数 $f(x)$ 定义为从初始节点经过节点 x 到达目标节点的最小路径的代价估计值。它的一般形式为

$$f(x)=g(x)+h(x)$$

式中　$g(x)$——为初始节点 S_0 到节点 x 已实际付出的代价；

$h(x)$——为从节点工到目标节点 S_0 的最优路径的估计代价。

搜索的启发信息主要由 $h(x)$ 来体现，故把 $h(x)$ 称为后发函数。实际代价 $g(x)$ 可以根据已生成的搜索树实际计算出来，而启发函数 $h(x)$ 却依赖某种经验估计，它来源于人们对问题的解的某种认识，即对问题解的一些特征的了解。这些特征可以帮助人们很快地找到问题的解。

估价函数 $f(x)$ 综合考虑了从初始节点 S_0 到目标节点 S_g 的代价，是一个估算值。它的作用是帮助确定 OPEN 表中各待扩展节点的“希望”程度，决定它们在 OPEN 表中的排列次序。一般情况下，在 $f(x)$ 中，$g(x)$ 的比重越大，搜索方式就越倾向于宽度优先搜索方式；$h(x)$ 的比重越大，就越倾向于深度优先搜索方式。$g(x)$ 的作用一般不可忽视，因为它代表了从初始节点到达目标节点的总代价估值中实际已付出的那部分代价。$g(x)$ 体现了搜索的宽度优先趋势，这有利于搜索算法的完备性，但影响算法的搜索效率。$h(x)$ 体现了搜索的深度优先趋势，当 $g(x)\leqslant h(x)$ 时，可以忽略 $g(x)$，这时 $f(x)=h(x)$，这会有利于搜索效率的提高但影响搜索算法的完备性，即有可能找不到问题的解。

估价函数是针对具体问题构造的，是与问题特性密切相关的。不同的问题，其估价函数可能不同。在构造估价函数时，依赖于问题特性的启发函数 $h(x)$ 的构造尤为重要。

在构造启发函数时，还要考虑两个方面因素的影响：一个是搜索工作量，一个是搜索代价。有些启发信息虽然可以大大减少搜索的工作量，但却不能保证求得最小代价的路径。构造的启发函数应能使问题求解的路径代价与为求此路径所花费的搜索代价的综合指标为最小。

2. 局部择优搜索

局部择优搜索是一种启发式搜索方法，是对深度优先搜索方法的一种改进。其基本思想是：当一个节点被扩展以后，按估价函数 $f(x)$ 对每一个子节点计算估价值，并选

择最小者作为下一个要考察的节点，由于它每次都只是在子节点的范围内选择下一个要考察的节点，范围比较狭窄，因此称为局部择优搜索，下面给出它的搜索过程。

（1）把初始节点 S_0 放入 OPEN 表，计算 $f\left(S_0\right)$。

（2）如果 OPEN 表为空，则问题无解，退出；否则继续。

（3）把 OPEN 表的第一个节点（记为节点 n ）取出，放入 CLOSED 表。

（4）考察节点 n 是否为目标节点。若是，则求得了问题的解，退出；若不是，则继续。

（5）考察节点 n 是否可扩展。若节点 n 不可扩展，则转第（2）步；若可扩展，则继续。

（6）扩展节点 n。用估价函数 $f(x)$ 计算每个子节点的估价值，并按估价值从小到大的顺序依次放到 OPEN 表的首部，为每个子节点配置指向父节点的指针，然后转第（2）步。

局部择优搜索与深度优先搜索及代价树的深度优先搜索的区别就在于，在选择下一个节点时所用的标准不一样。局部择优搜索是以估价函数值作为标准；深度优先搜索则是以后继七点的深度作为选择标准，后生成的节点先考察；而代价树的深度优先搜索则是以各后继节点到其父节点之间的代价作为选择标准。如果把层深函数 $d(x)$ 当作估价函数 $f(x)$，或把代价函数 $g(x)$ 当作估价函数 $f(x)$，那么就可以把深度优先搜索和代价树的深度优先搜索看作局部择优搜索的两个特例。

（三）爬山法

爬山法是实现启发式搜索的最简单方法。人们在登山时，只要好爬，总是选取最陡处，以求快速登顶。爬山实际上就是求函数极大值问题，不过这里不是用数值解法，而是依赖于启发式知识，试探性地逐步向顶峰逼近（广义地，逐步求精），直到登上顶峰。

在爬山法中，限制为只能向“山顶”爬去，即向目标状态逼近，不准后退，从而简化了搜索算法。换句话说，不需设置 OPEN 和 CLOSE 表，因为没有必要保存任何待扩展节点，仅从当前状态节点扩展出子节点（相当于找到上爬的路径），并将 $h(x)$“最小”的子节点（即最末级子节点，对应于到顶峰最近的上爬路径）作为下一次考察和扩展的节点，其余子节点全部丢弃。

爬山法对于单一极值问题（登单一山峰）十分有效而又简便，但对于具有多极值的问题就无能为力了，因为很可能会因错登高峰而不能到达最高峰。

三、博弈搜索

博弈一向被认为是富有挑战性的智力游戏，有着难以言表的魅力。自古以来，人与人之间的博弈随处可见，但随着计算机技术的不断发展，人们开始有了通过计算机来进行博弈的想法。

（一）基础概念

1. 计算机博弈

计算机博弈又称机器博弈，它是指使计算机像人一样可以进行棋类，牌类游戏，像人一样思考。机器博弈的主要思想是建立博弈树，对博弈树上的节点进行展开，并向前搜索。即对于博弈树上的某一个节点，进行下一步所有走法的展开，得到子节点，然后子节点再进行展开得到孙子节点……该过程一直持续，直到构造出以初始节点展开的完整博弈树，最后按评估函数选出得分最高的路线。

机器博弈应具备以下几个部分。

（1）局面表示：使用特定方法对当前状态进行表示，使得现实中的棋牌状态与计算机表示的局面一一对应。在设计局面表示时，需要考虑到表示的简单方便，以使消耗的计算机资源最少。

（2）看法产生机制：判断什么是合理的看法，有效快速地产生所有符合游戏规则的看法，即在博弈树中的某一状态的所有子节点。

（3）评估函数：评估当前局面好坏，并返回一个当前局面得分的函数。该函数直接影响博弈算法的效果。评估函数与具体问题密切相关，是决定博弈系统智能水平的关键因素之一。

2. 博弈树

博弈树是具有先后顺序的动态博弈过程的表述，比较形象化，是根据参与博弈的各个博弈方的行动的先后次序来展开的一个树状图，在该树状图中，有且仅有一个根节点（初始节点）。博弈树是一种“与或树”，为了方便研究，这里以一种最简单的博弈模型作为研究的对象——双人完备信息博弈，一般我方使用MAX表示，敌方使用MIN表示，两个节点是逐层交替出现的。这种博弈具有三个特性：二人零和，全信息，非偶然。

在双人全信息博弈过程中，双方都希望自己能够获胜。因此当一方走棋时，都是选择对自己最有利，而对对方最不利的走法。假设博弈双方为MAX和MIN，在博弈的每一步，可供他们选择的方案都有很多种。从MAX的观点上看，可供自己选择的方案之间是“或”的关系，原因是主动权在自己手里，选择哪个方案完全由自己决定；而那些可供M1N选择的方案之间是“与”的关系，这是因为主动权在MIN手中，任何一个方案都可能被MIN选中，MAX必须防止那种对自己最不利的情况出现。

经过分析，博弈树的特点如下。

（1）与节点，或节点逐级交替出现，敌方、我方逐级轮流扩展其所属节点。

（2）从我方观点来看，所有敌方观点都是与节点。因为敌方必须选取最不利于我方的节点扩展其子节点，只要其中有一个选择（棋步）对我方不利，该节点就对我方不利。换言之，只有该节点的所有棋步（所有的子节点）皆对我方有利，该节点才对我方有利，故为与节点。

（3）从我方的观点来看，所有属于我方的观点都是或节点。因为，扩展我方节点的主动权在我方，可以选取最有利于我方的一步，只要可走的棋步中有一步是有利的，该节点对我方就是有利的。子节点中任何一个对我方有利，则该节点对我方有利，故为或节点。

（4）所有能使我方获胜的终局，都是本原问题，相应的节点都是可解节点；所有使敌方获胜的节点，对我方而言，都是不可解节点。

（5）先走步的一方（我方或敌方）的初始状态对应于根节点。

（二）基础搜索算法

1. 极大极小值算法

极大极小值搜索策略（也称为MIN-MAX算法）是考虑双方对弈若干走步之后，对于我方的每一种策略，敌方总能找到相应的最优策略进行回击。换句话说，该算法主要思想为：在有限的搜索深度范围内进行求解，我方选择的策略就应该是使敌方的最优回应策略造成的结果对我方最有利的一种。当然这个假设不一定完全成立，如果敌方不是总能找到最优策略（对于人类玩家，这是很有可能的），则可以利用敌方的失误取得对我方更为有利的结果。基于这个原因，极大极小值算法又被称为最佳防御策略，它不是一种“聪明的”冒险的策略。

为此要定义一个静态估计函数 f ，以便对对弈的势态做出优劣估计。这个函数可根据对弈优劣势态的特征来定义。

这里规定：MAX代表我方，MIN代表敌方，P 代表一个势态（即一个状态）。有利于MAX的势态 $f(P)$ 取正值；有利于MIN的势态，$f(P)$ 取负值；势态均衡，$f(P)$ 取零。

$f(P)$ 的大小由对弈势态的优劣来决定。使用静态函数进行估计必须以下述两个条件为前提：双方都知道各自走到什么程度、下一步可能做什么；不考虑偶然因素的影响。

在这个前提下，设计最优的博弈策略必须考虑：如何产生一个最好的走步；如何改进测试方法，以尽快搜索到最好的走步。

极大极小搜索的基本思想是：

（1）当轮到MIN走步的节点时，MAX应考虑最坏的情况（因此，$f(P)$ 取极小值）；

（2）当轮到MAX走步的节点时，MAX应考虑最好的情况（因此，$f(P)$ 取极大值）；

（3）当评价往回倒推时，相应于两位棋手的对抗策略，不同层上交替地使用（1）（2）两种方法向上传递倒推值。

因此将这种搜索方法称为极大极小值算法。

极大极小值算法是一种由下而上的深度式遍历算法，只要能遍历博弈树就一定可以通过上述方法返回一个准确的收益值，这个值代表着两个同样高水平玩家的最低期望收益。在实际运用中，面对一个状态数庞大的博弈树，往往无法遍历整个博弈树，则这个返回值可以不是最终的结果，而是一个中间过程的评估值。因此，建立一个对于当前盘面而言准确的评估函数，就可以不用遍历整个博弈树，这样算法会非常依赖于评估函数的准确度。对于一个博弈游戏，评估函数一般是一个经验公式，如围棋这样非常复杂的博弈问题，评估函数的差异是非常大的。以往的围棋程序大多都是以这样的搜索方式为设计蓝本，这些程序的主要设计难点在于评估函数的建立。评估函数不仅仅和撰写者对于围棋的理解深度有关，还和不同阶段的盘面有关，很可能开局、中期、后期所用的评估函数是完全不一样的，这样就会大大降低围棋程序的准确度。因此在很长一段时间内，围棋 AI 只能达到业余段位水平。

2. 负极大值搜索

负极大值方法避免了每次进行极大或者极小的比较之前，都要检查是取的极大值还是极小值，实现了对极大极小值算法的改进。负极大值算法的核心是：父节点的值是各子节点值的负数的极大值。假设甲、乙两个玩家对弈，甲先走，乙后走，之后两人交替走步直到游戏结束。该对弈的负极大值搜索过程的步骤如下。

（1）由于不可能对整棵博弈树进行搜索，所以建立一棵固定深度的搜索树，其叶子节点不必是最终状态，而只是固定深度的最深一层的节点。

（2）在一棵博弈树中，假定令甲获胜的局面值为 10000，乙获胜的局面值为 -10000，和局的值为 0，其他情形下，依据双方棋子的棋形评定为 -10000 ～ 10000 之间的具体分数。用静态估值函数 f 对每个叶子节点进行估值，对于一个该甲方走棋的局面返回正的估值，对于一个该乙方走棋的局面返回负的估值。

（3）计算上层节点的倒推值，取其子节点负数的最大值。

（4）对弈双方，都选择子节点值最大的走法。

负极大值搜索算法的时间复杂度是 $O\left(b^n\right)$，这里 b 是分枝因子，n 是搜索的最大深度。对于分枝因子在 40 左右的棋类游戏，时间开销随着 n 的增大会急剧地增长，不出几层就会超出计算机的处理能力。

人们在开发高效的搜索算法上进行了大量的研究，改进搜索算法的目标在于将不必搜索的（冗余）分枝从搜索的过程中尽量剔除，以达到搜索尽量少的分枝来降低运算量的目的。在过去的几十年中，一些相当成功的改进大大提高了极大极小值算法搜索的效率。例如，α－β 剪枝技术，极小窗口搜索方法、置换表，历史启发方法等手段的综合应用将搜索效率提高了几个数量级。

（三）深度优先的 α－β 搜索及其增强算法

1. 极小窗口搜索

（1）算法思路

类似于渴望搜索，极小窗口搜索也是一种缩小窗口范围的搜索方式。因为从前面的算法我们可以看到，窗口越小那么可能删去的分枝会越多，那么在窗口是。的情况下，会发生什么样的变化呢？

极小窗口搜索与渴望搜索不同的地方在于，它是根据完全搜索以第一个节点作为估计值的。它的优点就在于，它有一个保留的最小值，也就是说在最好的情况下第一个节点就是最优解策略带来的，那么该节点也就是树的最优值。极小窗口搜索会带来效率的一定增加，而且可以避免渴望搜索的一些问题，但同渴望搜索一样，我们也要解决如何判断估值的问题。

（2）算法流程

极小窗口搜索的流程可以分为五步：

①对于第一个节点，按照原来的范围（－∞，＋∞）进行搜索，会得到一个最优解 bestvalue；

②用（bestvalue. bestvalue+1）作为窗口进行测试；

③如果得到的值 value 大于 bestvalue 并且小于 0 时，就说明有更好的方法，需要对（bestvalue，β）进行测试：

④如果不是，则得到的值 value 大于 bestvalue+1，这就说明 value 是一个更好的策略，应该用它来代替原来的 bestvalue；

⑤如果得到的值 value 小于 bestvalue，说明这种策略还不如以前的策略，不用再分析。

2. 置换表

在博弈树中，不少节点之间虽然经过不同的路径到达最优解，但其中有许多状态是完全一致的。建立置换表（transposition table，TT），保存已搜索节点的信息，那么再次遇到相同状态的节点时便可套用之前的搜索结果，避免重复搜索。

（1）基本原理

置换表的原理是采用哈希表技术将已搜索的节点的局面特征、估值和其他相关信息记录下来，如果待搜索的节点的局面特征在哈希表中已经有记录，在满足相关条件时，就可以直接利用置换表中的结果。

对一个节点进行估值时，应先查找置换表，置换表中没有记录，再对该节点进行搜索。

置换表在使用时要及时更新，当计算出一个节点的估值时，应立即将这个行点的相关信息保存到置换表中。

置换表一般容量很大，以尽量保存庞大的博弈树各节点信息，并且应实现快速访问，因此多用哈希表技术来具体实现。与一般哈希表不同的是，这里的哈希表一般不使用再散列技术，在哈希冲突很少时，不进行再散列，这样能有效加快处理速度，如果出现写冲突，则直接覆盖，只要在读取访问数据时不使用错误数据即可。

置换表中的一个数据项应包含详细信息，并说明对应博弈树的何种节点、该节点的搜索评估值，以及评估值对应的搜索深度等。其中评估值一般还可以分成两部分，分别保存该节点的上限值和下限值，比如渴望搜索等，多数时候是得到一个节点的上限值或下限值就剪枝返回，这样的数值同样有利用价值。如果得到了某节点的准确评估值，可以将上限值和下限值保存成一样的来表示。

置换表技术在当今机器博弈领域已经是广为使用的技术，它对搜索速度有明显的提高作用。机器博弈中的博弈树往往是非常庞大的，α－β 搜索由于一般情况下是边生成节点边搜索，并不需要保存整个博弈树，因此其内存开销并不大。如果置换表用来保存博弈树已经搜索过的全部节点信息，则其内存开销将是巨大的。从剪枝效率的角度考虑，由于博弈树顶层的剪枝对剪枝效率具有决定性的影响，因此，即使置换表只保存较顶层的博弈树节点信息，这样也能够明显地提高剪枝效率。

对于置换表的使用，还有一种情况需要特别指出，博弈树最末层节点在很多情况下也保存到置换表中，但它并没有作用。这一点容易被很多人所忽视，导致置换表使用上的浪费，也降低了搜索速度。置换表不仅仅能提高重复搜索的效率，还能有效地对博弈状态进行搜索。

（2）算法流程

首先，确定哈希函数，将节点对应局面映射为一个哈希值，这个哈希值通常是 32 位的整数，根据这个值计算出哈希地址。一种快速而简单的方法就是将这个哈希值对置换表的长度取余数，作为待访问的哈希表元素的地址。

其次，哈希函数可能产生地址冲突，即不同的哈希值映射到了同一地址，上述 32 位的哈希值是不安全的。置换表中的数据项，还应包含一个唯一标识局面特征的校验值，这个校验值通常是一个 64 位的整数，从理论上来说，64 位整数也有可能发生冲突，但这个概率极小，在实际使用中可以忽略不计。使用哈希函数通过哈希值找到置换表数据项的地址之后，再验证该数据项的校验值与待搜索节点对应的局面的特征值是否一致，只有二者一致，才认为搜索命中。

再次，置换表中的数据项，不仅要记录对应节点的估值结果，还应同时记录这个估值的类型，即究竟是一个精确值，还是一个上界值或下界值。

最后，节点的估值结果与搜索深度有关，搜索深度越深，估值越准确。故置换表中的数据项，还应记录节点对应的搜索深度。如果下次搜索到的局面 A，在置换表中找到了同样的局面 A'，并且，如果 A 对应的搜索深度为 Depth，置换表中 A' 对应的搜索深度为 Depth′；显然只有当 Depth′ ≥ Depth 时，才能直接使用置换表中 A' 的估值信息；但如果 Depth > Depth′，则置换表中对应节点的估值信息就没有意义了，因为需要再向前搜索几步才能得到一个更准确的值。

因此，置换表中的一个数据项至少应包含如下数据：节点局面的 64 位校验值、搜索深度、估值，以及估值的类型。

置换表的使用基于一种以空间换取时间的思想，如果在置换表中能直接得到结果的话，则可以避免对该节点及以该节点为根的子树的搜索，从而减少搜索时间。同时，如果在置换表中能查找到当前节点的信息，并且存储深度比当前节点将要搜索的深度大（实际上是增加了当前子树的搜索深度），那么搜索结果的准确性将会提高。正是因为置换表具有上述诸多优点，所以置换表已成为博弈树搜索中广泛采用的技术。

（四）遍历深化

遍历深化是因对博弈树进行多次遍历，又不断加深其深度而得名。

1. 算法原理

遍历深化算法利用了 α－β 剪枝算法对子节点排序敏感的特点。它希望通过浅层的遍历给出节点的大致排序，把这个排序作为深层遍历的启发式信息。另外，该算法用时间控制遍历次数，时间一到，搜索立即停止，这也符合人类棋手的下棋特点。在关键的开局和残局时，由于分支较少，也可以进行较深层次的搜索。

2. 算法的过程

对以当前棋局为根节点的博弈树进行深度为 2 的遍历，得出其子节点的优劣排序；接着再从根节点进行深度为 3 的遍历，这一次优先搜索上次遍历中得出的最优者，从而加大剪枝效果；以此类推，再进行第三次、第四次的遍历，一直达到限定时间为止。

由于这个算法的每次遍历都从根节点开始，因此有人称其为蛮力搜索，但实际上每次都可以优先搜索策略相对较好的节点，故剪枝效率增大，其实算法效率是很高的。目前这一算法也得到了广泛的认可。

第三章　模糊逻辑技术与神经网络技术

第一节　模糊逻辑技术

一、模糊集合与模糊关系

（一）模糊集合

经典数学方法难以处理复杂系统问题的主要原因或许源于其不能有效地描述模糊事物。这里的所谓模糊并不是随机的，而是由于缺乏从一类成员到另一类成员过渡的明确界限而引起的不确定的事实。模糊的界限使这类问题与那些明确定义的数学问题相互区别。事实上，在界限模糊的分类中，一个对象在完全隶属和不隶属之间存在隶属等级。

允许元素可能部分隶属的集合称作模糊集合。模糊集合是对模糊现象或模糊概念的刻画。模糊现象是指那些不具备或者很难用精准的尺度来刻画的现象，那些用来定义模糊现象的概念统称为模糊概念。模糊集合是从经典集合中抽离出来的，将绝对的隶属关系模糊化为一种灵活的方式。由特征函数的出发，元素 x 对集合 A 的隶属程度要么是 0，要么是 1，而模糊集合正是处于[0，1]之间的取值，这一数值反映了元素 x 隶属于集合[0，1] 的程度。

下面是模糊集合的一种定义方式：

论域 A 上的模糊集合 A^* 由隶属函数 $\mu_{A^*}(x)$ 来表征，$\mu_{A^*}(x)$ 在实数轴上的闭区间[0，1] 上取值，$\mu_{A^*}(x)$ 的值反映的是 X 中的元素 x 对于 A^* 隶属程度。

模糊集合群全由隶属函数所刻画。对于任何 $x \in X$，都有唯一确定的隶属函数 $\mu_{A^*}(x) \in [0，1]$ 与之对应。我们可以将 A^* 表示为 $\mu_{A^*}(x) \in [0，1]$，即 $\mu_{A^*}(x)$ 是从 X 到 [0，1] 的一个映射，它唯一确定了模糊集合 A^*。

上述定义表明，一个模糊集 A^* 完全由其隶属函数 $\mu_{A^*}(x)$ 来刻画，$\mu_{A^*}(x)$ 的值接近于1，表示 x 隶属于 A^* 的程度很高，$\mu_{A^*}(x)$ 的值接近于0，表示 x 隶属于 A^* 的程度很低；当 $\mu_{A^*}(x)$ 的值域为 {0，1} 二值时，$\mu_{A^*}(x)$ 演化为普通集合的特征函数 $\mu_{A^*}(x)$，A^* 更演化成一个普通集合 A。这里，我们可以把模糊集合看作普通集合的一般化。

（二）模糊关系

与模糊集是经典集的推广一样，模糊关系是普通关系的推广。

定义 3.1：如果对任意的 $i=1,2,\cdots,m; j=1,2,\cdots,n$，都有 $r_{ij}\in[0,1]$，则称矩阵 $R=\left(r_{ij}\right)_{m\times n}$ 为模糊矩阵。例如：

$$R=\begin{bmatrix}1 & 0.2 & 0.5\\ 0.1 & 0.7 & 1\end{bmatrix}$$

为了方便表述，用 $M^{m\times n}$ 表示 $m\times n$ 模糊矩阵全体。

定义 3.2：设 $A,B\in M^{m\times n}$，记 $A=\left(a_{ij}\right),B=\left(b_{ij}\right)$，定义：

相等：$A=B\Leftrightarrow a_{ij}=b_{ij},i=1,2,\cdots,m;n=1,2,\cdots n$；

包含：$A\leqslant B\Leftrightarrow a_{ij}\leqslant b_{ij},i=1,2,\cdots,m;j=1,2,\cdots,n$。

定义 3.3：设 $A,B\in M^{m\times n}$，记 $A=\left(a_{ij}\right),B=\left(b_{ij}\right)$，定义：

并：$A\cup B=\left(a_{ij}\vee b_{ij}\right)_{m\times n}$；

交：$A\cap B=\left(a_{ij}\wedge b_{ij}\right)_{m\times n}$；

余：$A^c=\left(1-a_{ij}\right)_{m\times n}$。

定理 3.1：设 $A,B,C,D\in M^{m\times m}$，则有

①幂等律：$A\cup B=A,A\cap A=A$；

②交换律：$A\cup B=B\cup A,A\cap B=B\cap A$；

③结合律：$(A\cup B)\cup C=A\cup(B\cup C),(A\cap B)\cap C=A\cap(B\cap C)$；

④吸收率：$A\cap(A\cup B),A\cup(A\cap B)=A$；

⑤分配律：$(A\cup B)\cap C=(A\cap C)\cup(B\cap C),(A\cap B)\cup C=(A\cup C)\cap(B\cup C)$

⑥ 0 ～ 1 律：$A\cup O=A,A\cup U=U,A\cap O=O,A\cap U=A$；

⑦还原律：$\left(A^c\right)^c=A$；

⑧对偶律：$(A\cup B)^c=A^c\cap B^c;(A\cap B)^c=A^c\cup B^c$；

⑨ $A\leqslant B\Rightarrow A\cup B=B,A\cap B=A,A^c\geqslant B^c$；

⑩ $A\leqslant B,C\leqslant D\Rightarrow A\cup C\leqslant B\cup D,A\cap C\leqslant B\cap D$。

定义 3.4：（模糊矩阵的合成）设 $A=\left(a_{ij}\right)_{m\times s},B=\left(b_{ij}\right)_{s\times n}$，称模糊矩阵 $A\circ B=\left(c_{ij}\right)_{m\times n}$ 为 A 与 B 的合成。

定义 3.5（模糊矩阵的幂）：设 $A,B,C,D\in M^{m\times n}$，模糊矩阵的幂定义为

$$A^2=A\circ A,A^3=A^2\circ A,A^n=A^{n-1}\circ A$$

定义 3.6（模糊矩阵的转置）：设 $A=\left(a_{ij}\right)_{m\times n}$，称 $A^T=\left(a_{ij}^{\mathrm{T}}\right)_{m\times n}$ 为 A 的转置矩阵，其中

$$a_{ij}^{\mathrm{T}}=a_{ji}, i=1,2,\cdots,m; j=1,2,\cdots,n$$

模糊矩阵的转置定义与线性代数中的转置定义是相同的。

定义 3.7（模糊矩阵的止截矩阵）：设 $A\in M^{m\times n}$，记 $A=\left(a_{ij}\right)$。$\forall\lambda\in[0,1]$，称 $A_{\lambda}=\left(a_{ij}^{(\lambda)}\right)$ 为模糊矩阵 $A=\left(a_{ij}\right)$ 的 λ^{-} 截矩阵，其 $a_{ij}^{(\lambda)}=\begin{cases}1, a_{ij}\geqslant\lambda\\0, a_{ij}<\lambda\end{cases}$ 显然，λ^{-} 截矩阵为布尔矩阵。

二、模糊度与相似度

模糊集合是用隶属函数表示的，不同的模糊集合的模糊程度是不同的。何为模糊度，通俗地说模糊度是反映模糊集合的模糊程度。

模糊度的定义为：对于 U 上的任意模糊集 A，有取值于区间 [0，1] 中的值 $f(A)$，则称 $f(A)$ 为模糊集 A 的模糊度，若：

① $f(A)$ =0，当且仅当 A 为经典集；

② $f(A)$ 取最大值，当且仅当 $A(x)\equiv 1/2(x\in U)$；

③当 $\forall x\in U$ 有

$$\left|A(x)-A^{c}(x)\right|\geqslant\left|B(x)-B^{c}(x)\right|$$

时有 $f(A)\leqslant f(B)$。

上式意味着 $\forall x\in U$，当 $B(x)\leqslant 1/2$ 时有 $A(x)\leqslant B(x)$。经典集合模糊度为 0，恒取 0.5 的隶属函数的模糊集合是最模糊的。其他的模糊集合的模糊度依赖于接近 0.5 的程度。模糊集合的隶属函数的值越接近 0.5，模糊度越大；越是远离 0.5，模糊度越小。

符合上述条件的计算模糊度的公式有多种。假定 U 为有限集，而且 U 中的元素个数为 n。

1. 利用信息量给出的模糊度计算公式

$$f_1(A)=\frac{4}{n}\sum_{x\in X}A(x)[1-A(x)]$$

$$f_2(A)=\frac{1}{n}\sum_{x\in X}\left[A(x)\log_2 A(x)+A^{c}(x)\log_2 A^{c}(x)\right]$$

2. 利用与标准集比较给出的模糊度计算公式

$$f_3(A)=\frac{2}{n}\sum_{x\in X}\left|A(x)-A_{0.5}(x)\right|$$

$$f_4(A)=\frac{2}{\sqrt{n}}\sqrt{\sum_{x\in X}\left[A(x)-A_{0.5}(x)\right]^2}$$

其中标准集 $A_{0.5}(x)$ 实际为 $A(x)$ 的 0.5 水平集，即有

$$A_{0.5}(x)=\begin{cases}0, A(x)\leqslant 0.5\\1, A(x)>0.5\end{cases}$$

3. 利用模糊度定义给出的模糊度计算公式

$$f_5(A)=\frac{1}{n}\sum_{x\in X}\left[1-\left|A(x)-A^c(x)\right|\right]$$

$$f_6(A)=\frac{1}{\sqrt{n}}\sqrt{\sum_{x\in X}\left\{1-\left[A(x)-A^c(x)\right]^2\right\}}$$

近空度则是对模糊集接近空集程度的描述：对于 X 上的任意模糊集 A，有取值于区间［0，1］中的值 $g(A)$，称 $g(A)$ 为模糊集 A 的近空度，若满足以下条件：

① $g(A)=0$，当且仅当 $A=U$；

② $g(A)=0$ 取最大值，当且仅当 $A=\Phi$；

③当 $A\subset B$ 时有 $f(A)\leqslant f(B)$。

从前面的定义可以看出，模糊集 A 的模糊度是与 $B(x)\equiv 1/2$ 的模糊集接近的程度，近空度是与 $B(x)\equiv 0$ 的模糊集接近的程度。

利用近空度的定义可以按如下方法来定义相似度：若 g 为近空度，称

$$q(A,B)=g(|A-B|)$$

为 A 与 B 的相似度。这样定义的相似度有以下性质：

① $0\leqslant S(A,B)\leqslant 1$；

② $A=B$ 时，有 $S(A,B)=1$；

③ $S(A,B)=S(B,A)$；

④ $A\subset B\subset C$ 时，有 $S(A,C)\leqslant S(A,B)\wedge S(B,C)$。

三、模糊推理的基本思想

模糊推理的一个重要特点是允许大前提与小前提不完全一致，因此它可以表示成以下的抽象形式：

大前提：如果 x 是 A，则 y 是 B

小前提：x 是 A'

结论：y 是 B'

其中，A, A' 是 X 上的两个模糊集，B、B' 是 Y 上的两个模糊集。在不产生混淆的情况下，可以简记为

$$A => B$$

$$\frac{A'}{\quad B'}$$

由于单点集$\{x_0\}$是一个特殊的模糊集，模糊推理有下面的特殊模型，即

$$A => B$$

$$\frac{x_0}{\quad y_0}$$

要实现上述的推理，需要解决两个方面的问题：

其一是建立从A到B的关系。由于A是X上的模糊集，B是Y上的模糊集，“$A => B$”实际上是X到Y的模糊关系，记作$R(x, y)$。

$$R(x, y) = \text{"} A => B \text{"} \quad (x, y)$$

将建立模糊关系的过程称为关系的生成，实质上模糊关系的建立是建立模糊推理的大前提。

其二是要根据生成的模糊关系$R = \text{"} A => B \text{"}$以及大前提中的A与小前提中的$A'$的相似程度，得出Y上的模糊集$B'$，这个过程称为推理合成，就是

$$B = A' \circ R$$

以上模型是单输入与单输出的。在模糊推理中，大前提可以有n个，即

$$A_1 => B_1$$
$$A_2 => B_2$$
$$A_n => B_n$$
$$\frac{A'}{\quad B'}$$

这样就构成多条规则的模糊推理模型，它是模糊推理应用于信息融合的关键。不同信息源产生不同的推理规则，最终得到的推理结果因融汇了所有规则带来的信息，因此是一种融合的结果。对于这种模型，关键是通过$A_i => B_i (i \leqslant n)$计算X到Y的模糊关系

$$R = \text{"} A_i => B_i (i \leqslant n) \text{"}$$

由$B' = A' \circ R$即可得到模糊推理的结果B'。

对于模糊推理可以建立更一般的数学模型：

$$A_{11}, A_{12}, \cdots, A_{1m} => B_1$$
$$A_{21}, A_{22}, \cdots, A_{2m} => B_2$$
$$A_{n1}, A_{n2}, \cdots, A_{nm} => B_n$$

$$\frac{A_1', A_2', \cdots, A_m',}{B'}$$

其中，$A_{i1}(i \leqslant n)$ 的 X_1 上的模糊集，$A_{i2}(i \leqslant n)$ 是 X_2 上的模糊集…… $A_{im}(i \leqslant n)$ 是 X_m 上的模糊集；$B_i(i \leqslant n)$ 及 B' 是 Y 上的模糊集。

模糊推理理论只给出了推理的框架，在建立关系生成规则与推理合成规则时，还需根据具体问题分别进行设计。推理结果的成功与否与设计有着必然的联系。如模糊集合隶属函数定义是否贴切、模糊相似度描述是否准确等。这一点是模糊推理的最大特点。也就是说，模糊推理的框架是不存在问题的，只是需要针对不同的问题进行不同的设计。此框架无法保证推理结果的正确性，推理结果只与设计是否正确与合理有关。

综上，不难发现模糊推理有它巨大的发展空间，它基于人类的日常推理而建立并运用到社会生活当中。在工农业生产方面，它的价值也得到了有效的发挥。但是模糊推理的应用则比较困难，那是因为它需要针对不同的问题进行推理规则的设计，要设计出合理的规则，往往需要长期的修正和不断地完善，但是只要找到正确的方法，这个问题肯定是能够克服的。

第二节　神经网络技术

一、神经网络概述

深度学习应大数据而生，是机器学习、神经网络研究中的一个新领域，其核心思想在于模拟人脑的层级抽象结构，通过无监督的方式分析大规模数据，发掘大数据中蕴藏的有价值的信息

神经网络（NN），也称作人工神经网络（ANN），或神经计算（NC）、是对人脑或生物神经网络的抽象和建模，具有从环境学习的能力，以类似于生物的交互方式适应环境神经网络是智能科学和计算智能的重要部分，以脑科学和认知神经科学的研究成果为基础拓展智能信息处理的方法、为解决复杂问题和自动控制提供有效的途径。

二、神经网络系统总体设计

一个设计良好的神经网络系统能代表问题求解的系统方法。开发神经网络系统的总体设计过程中，应考虑这样几个问题：①分析哪类问题需要使用神经网络；②神经网络系统的整体处理过程的设计，即系统总图；③系统需求分析；④设计系统的各项性能指标；⑤预处理问题。下面就这几个问题进行讨论。

（一）神经网络的适用范围

神经网络能解决的问题分为 4 种情况：第一种情况是除了神经网络方法还没有已知的其他解决方法；第二种情况是或许存在别的处理方法，但使用神经网络显然最容易给出最佳的结果；第三种情况是用神经网络与用别的方法性能不相上下，且实现的工作量也相当；第四种情况是显然有比使用神经网络更好的处理方法，为了在不同情况下使用最适合的方法，首先要判断待解决的问题属于以上哪一种情况。这种判断需始终着眼于系统进行，力求最佳的系统整体性能。

一般来说，最适合于使用神经网络分析的问题应具有如下特征：关于这些问题的知识（数据）具有模糊、残缺、不确定等特点，或者这些问题的数学算法缺少清晰的解析分析。最重要的还是要有足够的数据产生充足的训练和测试模式集，以有效地训练和评价神经网络的工作性能训练一个网络所需的数据量依赖于网络的结构、训练方法和待解决的问题。例如，对 BP 网来说，对每个输出分类大约需要十几个至几十个输入模式向量；而对自组织网络来说，在选择输出节点数时需要把估计的分类数作为一个因素考虑在内，因此每种可能的分类取十几至几十个模式只是指导性的出发点。设计测试模式集所需要的数据量与用户的需求和特定应用密切相关。因为神经网络的性能必须用足够的检测实例和分布来表示，而用于分析结果的统计方法和特性指标必须有意义和说服力。对于哪些问题用神经网络解决效果最好，开发者需要逐渐积累经验，总结出自己的原则。

当确定一个问题要用神经网络解决后，接着就要确定用什么样的网络模型和算法。如果有一组确知分类的输入模式数据，就可以通过训练 BP 网络开始试探解决问题若不知道答案（分类）应该是什么，可以从某种自组织学习网络结构入手。试验时可以尝试使用不同的网络结构和网络参数（如学习率或动量系数等），并对其效果进行比较。

神经网络在应用中常常作为一个子系统在系统中的一个或多个位置出现，系统中的一个或多个神经网络往往起着各种各样的作用，在系统的详细设计过程中要尽可能开放思路，考虑不同的作用与组合事实上，许多应用使用若干网络或多次使用网络，还有可能采用子网络构造大结构，甚至不同的网络也可以拓扑组合成一个单一的结构例如，用自组织网络对数据进行预处理，然后用其输出节点作为执行最终分类的反向传播网络的输入节点。

神经网络可以作为专家系统中的数据预处理子系统，或作为从原始数据中提取参数的特征提取子系统。有时需要将多个网络模型结合使用，其中，每个网络均作为综合网中的子网出现。总之，神经网络在实际应用中存在许多可能的形式因此，应用神经网络解决问题时要放开思路。

（二）神经网络的设计过程与需求分析

设计过程要完成的工作任务有3项：首先要做的是系统需求分析；接下来是数据准备，包括训练与测试数据的选择、数据特征化和预处理及产生模式文件，在此过程中强调要求系统的最终用户参加，目的是保证训练数据和测试结果的有效性；第三个是与计算机有关的任务，包括软件编程与系统调试等内容。

系统需求分析一般应包括以下内容：

第一，系统需求说明：系统分析是系统开发过程中最重要的工作之一，因为此阶段的错误和疏忽会对项目产生巨大的影响—系统分析阶段的产物是系统详细需求分析文档，以便准确描述系统的行为和评估完成状况。

第二，结构化分析。结构化分析使用一套工具产生结构化需求说明，由数据流图、数据词典和结构化文字几部分组成。数据流显示的是在系统和环境间及处理过程间的信息和控制信号流，并将需求模型图形化和生动化。使用结构化文字强调的是可读性而不是自动分析的能力，其目的是在某种程度上能与不懂计算机的用户沟通。

第三，层次结构。数据流图是分等级按层次构造的，可以用一些相互关联的网表示。

第四，数据词典。数据词典是结构化分析的主要工具，目前普遍被用作一种称为系统百科全书的软件工程数据库，以存储数据元素说明及系统模型中对象与方法的需求说明。

（三）神经网络的性能评价

为了评价一个系统的运行质量，需要把对系统进行测试运行时得到的数据和已建立的标准相比较。为了研究有关神经网络的运行质量，必须首先建立一些能反映其质量的性能指标，这些指标应对不同的网络具有通用性和可比性。目前，在这方面尚缺乏系统而深入的研究，但仍可借鉴相关领域的运行检测技术。下面简要介绍关于神经网络性能评价的几个常用指标，而应用时选用哪一种指标取决于系统的类型及使用者的技术水平等因素。

第一，百分比正确率：神经网络运行的百分比正确率就是根据某种分类标准作出正确判断的百分比。神经网络用于模式识别和分类等问题时常用到该指标。但在某些神经网络应用中，百分比正确率的概念不太适用，应采用其他指标。为了计算正确率，应选择合适的分类标准和有代表的训练集与测试集。有两个因素会影响以上选择的合理性：一个是分类标准本身的不确定问题，另一个是样本集的代表性。例如，当神经网络用于对印刷体字母分类时，不存在判断标准的不确定性问题。但是，有些分类任务会存在较大的主观因素。例如，烤烟烟叶质量等级随专家的观点不同，分类结果会略有差异。在用神经网络检测癫痫棘波时，6位神经科医生中任何2位共同认定的单个棘波的平均一致率仅为60%。因此，在分类之前统一观点是十分重要的。这需要系统最终用户的积极参与，才能正确建立统一的分类标准，训练集和测试集样本的代表性是目前神经网络开发工作正在研究的课题之一。训练集和测试集的样本及由专家认定的代表类必须分布在所有类的范围内，包括那些在判断临界点附近的样本设计者的人为因素也是非常重要的，应该避免设计者自己闭门造车地进行代表样本的分类确定工作，而要让系统的用户参与这一过程。虽然设计人员能为用户提供系统运行的技术要求等信息，但在样本设计和整个设计过程中都应该让用户尽可能发挥作用。在测试和训练中要使用不同的样本集，当样本数不充足时，可以循环利用已有的样本进行训练和测试。

此外，所选的训练集应该使每种样本的分类结果具有相同的数目。即如果神经网络有三个输出节点，对于每一次分类有一个相应的节点激活，则训练样本集中每种分类结果的样本数目应该定为总样本数目的三分之一。

第二，方均误差。神经网络的方均误差为总误差除以样本总数，而总误差定义为

$$E=\frac{1}{2}\sum_{j=1}^{m}\sum_{p=1}^{p}\left(d_j^p-o_j^p\right)^2$$

在应用方均误差时，应注意两种情况：第一，方均误差的定义公式中包括乘积因子1/2、但是许多应用场合省略了该因子，因此在比较各种不同的神经网络时应注意方均误差的计算中是否包含乘积因子1/2。第二，误差项对所有输出节点求和时会产生一个潜在的问题，方均误差无法精确地反映具有不同节点数的神经网络结构之间的差别。如果训练一个单输出节点的神经网络能达到某一固定误差，而训练一个结构基本相同的多输出节点的神经网络时，误差可能会增大，这是因为方均误差定义为除以训练集或测试集中的样本数而不是除以节点数。在某些应用场合，用户要求计算每个节点的误差，可以定义节点平均方均误差（样本平均）为方均误差除以输出节点数。平均节点方均误差主要用于反向传播算法，所以它主要用于BP网络的性能评价。

第三，归一化误差。一种与神经网络结构无关，取值为0～1的误差标准E_{mean}：定义为

$$E_{\text{mean}}=\frac{1}{2}\sum_{j=1}^{m}\sum_{p=1}^{p}\left(d_j^p-d_j\right)^2$$

式中　d_j——为所有样本在第j个输出节点的期望输出值的平均值；

d_j^p——是第j个输出节点的期望输出值；

P——为样本总数；

m——为输出节点数。

则归一化误差 E_n 定义为总误差 E 除以上式的 E_{mean}

$$E_n = E / E_{\text{mean}}$$

归一化误差对 BP 神经网络十分有用当神经网络“猜测”正确的输出值是平均目标值时，出现“最坏的情况”（$E_n = 1$）。当样本学习结束后，E_n 的值趋于零、其速度取决于神经网络的结构归一化误差反映的是基于误差的输出方差的比例，而与神经网络本身的结构（包括初始化的随机权值）无关。因此，在大多数场合，归一化误差标准是 BP 神经网络中最有价值的误差标准之一。

第四，接收操作特性曲线。评价神经网络系统的另一个途径是接收操作特性（ROC）曲线。RCC 曲线用来反映系统某一个输出节点在作出一个判断时的正确性：因此，下面的讨论集中于单输出节点网络若用判断的阳性和阴性表示将某一输入样本判断为某类的肯定与否定，一个给定输出神经元所表示的判断存在 4 种可能性。

第一种可能性称为真阳性判断（TP），即系统的阳性判断与根据标准得到的阳性判断相一致，如系统鉴别出神经科医生确认的癫痫棘波；第二种可能性称为假阳性判断（FP），即系统作出阳性判断而标准作出阴性判断，如系统判断出的癫痫棘波神经科医生认为不对；第三种可能性是假阴性判断（FN），即标准做出阳性判断而系统作出阴性判断，如神经科医生鉴别出的癫痫棘波系统却未找出；第四种可能性是真阴性判断（TN），即系统和标准都作出阴性判断，如系统和神经科医生都判断不存在癫痫棘波。

（四）输入数据的预处理

在设计神经网络时，预处理是最难处理的问题之一。一方面，预处理有许多种类；另一方面，预处理有许多种实现方法—大多数神经网络需要归一化的输入，即每个输入的值要始终在 0 和 1 之间，或者每个输入向量的长度要为常量（如 1），前者用于反向传播网络，而后者用于自组织网络虽然对 BP 网络输入归一化的必要性看法不一，但对多数应用来说归一化是一种好的做法。

数据归一化通常有两种情况。第一种常见的情况是，输入 BP 网络各个输入节点的原始数据是同源的，常常代表了时间间隔的取样。例如，电压波形以一定的频率采样得到一定数目的采样值成组地输入网络。在这种情况下，归一化必须在所有的通道上统一进行。如果数据分布在最大值（$X_{\max}$）与最小值（$X_{\min}$）之间，则首先把所有的值加上 $-X_{\min}$，使它们分布于 0 和 $\left(X_{\max} - X_{\min}\right)$ 之间，然后再用每个值除以 $X_{\max} - X_{\min}$。这样所有的值被归一化成 0 和 1 之间的数。$X_{\max}$ 和 X_{mi}，很可能是从不同的通道上获得的，所以又称为交叉通道归一化。第二种常见的情况是，用不同种类的参数作为输入，如电压、持续时间、波形的尖峰参数等更有可能是一些统计参数如标准方差、相关系数和K方检验参数等。在这种情况下，跨所有通道的归一化会使网络的训练失败。例如，某些通道表示波形尖锐度，它们只能从 -0.1 和 +0.1 之间变化，其他通道表示波形振幅，能从 -50 和 +50 之间变化，显然，归一化后尖锐度将被振幅所淹没。每种类型通道中若存在 0.1 个单位的偏差，归一化后将变为 0.001 单位的偏差。0.1% 的动态范围在振幅通道里可能很容易接受，然而在波形尖锐度中，0.1 的偏差代表了 50% 的动态变化，所以会严重影响网络训练或测试时对尖锐度参数的分辨能力。当输入不同种类的参数时，对每个通道单独归一化的优点是每个通道可在 0 ～ 1 反映其动态变化范围，缺点是任意两个通道之间的关系偏离了一个偏移量和多重因素的范围，因此每个通道单独归一化有时会在训练网络时造成困难。例如，用从生物电位波形中提取的参数训练网络，其中 2 个参数是振幅，3 个是宽度，3 个是尖锐度，另一个参数是斜率。振幅的测量单位是伏特，宽度是秒，而尖锐度是度数。对于宽度参数，把其中 2 个相加成为过零点间半波的宽度，第三个是半波二阶导数的两点间宽度。在原始数据中，前两个宽度之和总是大于第三个宽度，而其中任意一个又小于第三个宽度。这一类关系及在 2 个宽度或 3 个尖锐度参数之间存在类似的其他关系，在单独通道的归一化处理中就被遮掩了。

（五）人工神经网络的开发环境及软硬件实现

许多研究人员在开发自己的神经网络软件时会碰到这样的问题，花在人工编码和跟踪调试上的巨大工作量大大影响了真正要进行的模型设计工作。神经网络开发环境是设计调试网络模型的非常有用的工具，开发环境能快捷方便地建立一个新的网络模型，通过试验立即获得反馈值，从而可以评价所设计的模型的运行结果，大大缩短了开发时间，提高了工作效率。

第一种是人工编码。人工编码是神经网络开发的一种常用模式，即研究人员针对某个具体问题选择一种算法，然后由人工编制代码在计算机上实现一个神经网络系统。

第二种是算法库。神经网络开发工具中有各种有效的算法可供研究人员选择，同时，神经网络的实现是自动形成的。因此，研究人员很容易实现所设计的神经网络。选择算法实际上是从算法库中提取了一个代码的结构，然后填上代码段以规定网络的特性参数。

第三种是生成网络模型。生成神经网络模型使研究人员能建立任何设想的网络而不仅仅是在库中定义的算法。

理想的神经网络开发环境应具有使用简单、功能强大、有效性和可扩展性强等关键特征。因此，开发环境应具有描述和运行网络模型的良好用户界面，使研究人员不必掌握操作系统或实现神经网络模型的计算机硬件知识就能进行网络模型的开发。开发环境应允许研究人员选择网络模型及其特性或定义新的网络模型及其特性，应能执行、监视、显示和控制神经网络的运行，并能将网络与其他处理功能连接。有效性是指神经网络开发环境要尽可能有效地使用计算机。可扩展性意味着能定义和建立新网络类型的网络原始结构，有时无法预见将来需要何种网络，所以必须提供处理这种不确定性的功能。可扩展性是人工智能语言的关键特征，神经网络中同样需要这一技术。

MATLAB 是 Matrit　Laboratory 的简称，是一种以矩阵为基本数据元素，面向科学计算与工程计算的高级语言。MATLAB 集科学计算、自动控制、信号处理、神经网络、图像处理等多种功能于一体，具有极高的编程效率。MATLAB 的系列产品包括 MATLAB 主包和各种工具箱（称为 TOOLBOX），功能丰富的工具箱为不同领域内的研究开发者提供了一条捷径。

近些年来，人工神经网络在众多领域得到了广泛运用。在民用应用领域的应用，如姿态追踪、语言识别、图像识别与理解、计算机视觉、智能机器人故障检测、实时语言翻译、企业管理、市场分析、决策优化、物资调运、自适应控制、专家系统、智能接口、神经生理学、心理学和认知科学研究等；在军用应用领域的应用，如雷达的多目标识别与跟踪，战场管理和决策支持系统，军用机器人控制各种情况，信息的快速录取、分类与查询，导弹的智能引导，保密通信，航天器的姿态控制等。

三、神经网络算法

大脑是由约 100 亿个高度互联的神经元组成的，这些神经元构成一个协同处理的复杂网络结构，即神经网络，成为认知的物质与生理基础。人工神经网络是模拟大脑构建的计算模型，由大量模拟神经元的处理单元—人工神经元构成，形成一个大规模的非线性自适应系统，拥有学习、记忆、计算以及智能处理能力，可以在一定程度上模拟人脑的信息储存、检索和处理能力。

（一）感知机

1. 感知机模型

二十世纪五十年代中期 = 提出了感知机的概念。感知机模拟生物神经元，接收一个或者多个输入，处理后输出一个结果。

感知机可以有一到多个输入，每个输入带有一个权重 w_i ，用来表示该输入的重要程度，每个感知机有一个偏置 b ， w_i 和构成 b 感知机的参数集合。感知机计算输入的线性组合（或者叫作预激活）

$$a=\sum_{i=1}^{n} w_i x_i + b$$

并将其交予激活函数 $f(a)$ 得到输出 y 。

激活函数用于模拟生物神经元的激活与非激活状态，通常采用阶梯函数、sigmoid 函数和分段线性函数及其变体。

2. 感知机学习策略

依据训练样本的数据确定 w_i 和 16（不区分的时候统一记为 θ_i ）值的过程就是感知机的学习过程，其学习算法基于误差驱动。首先，将未经学习的 θ_i 设置为 0 或者很小的随机值，然后对训练集中的每个样本进行分类预测，并根据预测结果更新参数值。参数更新依据下式进行：

$$\theta_i(t+1)=\theta_i(t)+\eta\left(\hat{y}_j-y_j(t)\right)x_{ji}$$

式中　$\hat{y}_j$ ——是样本 j 的实际类别；

$y_i(t)$ ——是样本 j 的本次预测类别；

$x_{\overline{p}}$ ——是样本 j 的第 i 个特征；

η ——是控制学习速率的超参数，叫作学习率。

显然，如果预测正确，$\hat{y}_i-y_j(t)=0$，则参数不需要更新，否则更新参数，这种更新规则类似于梯度下降算法。

学习遍历训练集中的每个样本称为一个训练周期（Epoch）。如果在一个训练周期内对所有样本都分类正确，则模型达到收敛状态，停止训练；否则，进入下一周期，直至模型收敛，或者达到最大训练周期数。

（二）多层感知机

1. 多层感知机模型

虽然单个感知机的功能有限，但是如果将多个感知机以一定的方式连接起来，就可以构造出能完成复杂任务的人工神经网络，多层感知机就是其中一种。

多层感知机由多层人工神经元组成，每层包括多个神经元，层内的神经元之间没有链接，层与层之间的神经元全连接，每一层神经元的输出作为下一层的输入，因此多层感知机是一个有向无环图。每个多层感知机有一个输入层和一个输出层，输入层用来接收特征，输出层用来输出因变堆的预测值。输入层和输出层之间可以有多个层，这些层用来表示潜在的变量，所以被称为隐含层。一个多层感知机中，可以有一到多个隐含层。

一个多层感知机输入层有三个神经元，隐含层有 5 个神经元，输出层有 4 个神经元。每条边都有一个权重 w，隐含层和输出层每个神经元都有一个偏置值 b 。隐含层和输出层每个神经元都有一个激活函数 f ，根据输入和偏置的线性组合决定自身是否被激活，从而产生相应输出（不激活一般对应输出 0），激活函数和简单感知机一样，可以有多种选择。

因为多层感知机是一个有向无环图，所以每一层只受前一层的影响，信息传递总是前向的，是一种前馈网络。前馈遵循如下规则：

$$\begin{cases} o_i^{(1)} = x_i \\ o_i^{(j+1)} = f\left(\sum_{k=1}^{N_j} w_{ki}^{(j,i+1)} o_k^{(j)} + b_i^{(j+1)}\right) \end{cases}$$

式中　$o_i^{(j)}$——表示第 j 层的第 i 个神经元的输出，层数从 1 开始计数为第 i 个输入特征；

N_j——为第 j 层的神经元数目；

$\chi_{ki}^{(j,j+1)}$——为第 j 层第 k 个神经元和第 j +1 层第 i 个神经元之间连接的权重；

$b_i^{(j)}$——为第 i 层第 k 个神经元的偏置。

2. 多层感知机的训练 BP 算法

和感知机一样，多层感知机的训练也是基于误差驱动的，但由于包含多个隐含节点（也称隐节点）及关联多个权重，所以为了反映不同层节点、权重是如何影响误差的，采用误差反向传播（BP）算法计算整个网络的代价函数针对每一个权重的梯度。

反向传播指当计算梯度时误差沿前馈相反的方向穿过网络的各层，它和某种优化算法（例如梯度下降法）相结合，实现对多层感知机的训练。

BP 算法是一种迭代算法，每次迭代由两个步骤组成，即预测正向传递和误差的反向传播。在正向阶段，特征从输入开始按照式 $\begin{cases} o_i^{(1)} = x_i \\ o_i^{(j+1)} = f\left(\sum_{k=1}^{N_j} w_{ki}^{(j,i+1)} o_k^{(j)} + b_i^{(j+1)}\right) \end{cases}$ 的处理规则经各隐含层直至输出层，完成一次预测，损失函数利用输出来计算预测的误差；反向传播则是通过误差从代价函数向输入层传播，估计每个神经元（或者权重）对误差的贡献，计算各权重的梯度，更新权重值，完成一次迭代。该过程持续迭代直至模型收敛。

表 3-1　权重和偏置初始值设置

w_1	w_2	w_3	w_4	w_5	w_6	b_1	b_2	b_3
0.4	0.3	0.8	0.1	0.6	0.2	0.5	0.2	0.9
z_1	h_1	z_2	h_2	o				
1.06	0.743	0.47	0.615	0.813				

以一个三层感知机为例介绍反向传播的过程。该模型的激活函数采用 sigmoid 函数，参数估计采用梯度下降法；特征向量为[0.8，0.3]，目标值为0.5，学习率设置为0.1。为了描述方便起见，采用了较简单的标记。

正向传递的计算过程为

$$z_1 = w_1x_1 + w_3x_2 + b1$$

$$h_1 = f\left(z_1\right) = \frac{1}{1+\mathrm{e}^{-z_1}}$$

$$z_2 = w_2x_1 + w_4x_2 + b_2$$

$$h_2 = f\left(z_2\right) = \frac{1}{1+\mathrm{e}^{-z_2}}$$

$$z_3 = w_5h_1 + w_6h_2 + b_3$$

$$o = f\left(z_3\right) = \frac{1}{1+\mathrm{e}^{-\tau_3}}$$

用残差平方和作为代价函数，即

$$C = \frac{1}{2}(\hat{o}-o)^2$$

式中　$\hat{O}$——为目标值。

接下来采用梯度下降更新参数，首先更新参数 w_5。显然代价函数是权重的复合函数，根据复合函数求导的链式法则，有

$$\frac{\partial C}{\partial w_5} = \frac{\partial C}{\partial o}\cdot\frac{\partial o}{\partial z_3}\cdot\frac{\partial z_3}{\partial w_5}$$

又由式 $C=\frac{1}{2}(\hat{o}-o)^2$，有

$$\frac{\partial C}{\partial_o} = -(\hat{o}-o) = -(0.5-0.813) = 0.313$$

对于激活函数 $f(z)=\frac{1}{1+e^{-z}}$，其导数

所以

$$\frac{\partial o}{\partial z_3} = o(1-o) = 0.813(1-0.813) = 0.152$$

然后

$$\frac{\partial z_3}{\partial w_5} = h_1 = 0.743$$

所以，代价函数对于 w_5 的偏导数为

$$\frac{\partial C}{\partial w_5}=\frac{\partial C}{\partial o}\cdot\frac{\partial o}{\partial z_3}\cdot\frac{\partial z_3}{\partial w_5}=0.313\times0.152\times0.743=0.035$$

最后更新 w_5 的值，得到新的权重

$$w_5(1)=w_5(0)-\eta\frac{\partial C}{\partial w_5}=0.6-0.1\times0.035=0.596$$

w_6 和 b_3 的更新与 w_5 类似。但是 w_1 到 w_4、b_1 和 b_2 的更新又稍稍复杂一点，这里以 w_1 为例简要说明。首先需要求代价函数关于 w_1 的偏导数

$$\frac{\partial C}{\partial w_1}=\frac{\partial C}{\partial o}\cdot\frac{\partial o}{\partial z_3}\cdot\frac{\partial z_3}{\partial h_1}\cdot\frac{\partial h_1}{\partial w_1}$$

又有

$$\frac{\partial h_1}{\partial w_1}=\frac{\partial h_1}{\partial z_1}\cdot\frac{\partial z_1}{\partial w_1}$$

则

$$\frac{\partial C}{\partial w_1}=\frac{\partial C}{\partial o}\cdot\frac{\partial o}{\partial z_3}\cdot\frac{\partial z_3}{\partial h_1}\cdot\frac{\partial h_1}{\partial z_1}\cdot\frac{\partial z_1}{\partial w_1}$$

得到

$$\frac{\partial C}{\partial w_1}=0.313\times0.152\times0.6\times0.743\times(1-0.743)\times0.8=0.004$$

（三）其他神经网络

经过半个世纪的发展，人工神经网络已经发展出各种形式，如径向基函数网络、递归神经网络、霍普菲尔德网络、卷积神经网络、玻尔兹曼机、超限学习机、自动编码器和自组织映射等，这些网络均拥有各自的特点，可以完成各类不同的任务。以下简要介绍递归神经网络、霍普菲尔德网络、玻尔兹曼机、超限学习机和自组织映射等四种网络。

1. 递归神经网络

多层感知机是一种前馈网络，在图像分类中，一个训练好的前馈网络可以应用于任何随机的照片集合中，它所处理的第一幅图像并不会改变它对第二幅图像的分类方式，比如看到一只猫的图像不会导致将下一幅图像识别为大象。因此，前馈网络没有时间顺序的概念，它只考虑它所接触到的当前实例，没有历史、记忆的概念。

但是一些随机事件总在时间上有内在的相关性，例如天气、语言等，当前的天气总会和前一刻的天气有关联，一句话中某个词的含义会和上下文相关。递归神经网络（RNN）可以用于描述此类问题，该网络不仅把当前感知的信息作为输入，还把之前即时感知到

的信息也作为输入。

递归神经网络的应用非常广泛，例如时间序列预测、异常检测、数据修复以及自然语言处理等，长短期记忆是目前应用较多的一种递归神经网络。递归神经网络的学习采用随时间的反向传播算法。

2. 霍普菲尔德网络

霍普菲尔德网络是由霍普菲尔德提出的一种递归神经网络，其目的是存储一个或多个模式，并根据部分输入回忆出完整的模式。例如，光学字符识别时，如果污渍使得有些字符模糊，需要从模糊的字符识别出原来的字符；对于单词、声音和复杂的图像，也存在类似的问题。

霍普菲尔德网络是一个全连接网络，所有节点既是输入又是输出，每个节点都是网络中所有其他节点的输入，也可以将每个节点到自身的链接看作权重为0的链接。

霍普菲尔德网络可以是连续的，也可以是离散的，我们以离散的情形为例说明网络的工作过程。离散的霍普菲尔德网络每个神经元的状态为-1或1，当一个输入到达时，神经元的状态 s_i 依据下式的规则进行更新，其中 θ_i 为阈值，w_{ij} 为权值，所有权重组成一个对角元素为0的对称矩阵。

$$s_i = \begin{cases} +1, \sum_j w_{ij} s_j \geqslant \theta_i \\ -1, \text{其他情形} \end{cases}$$

更新过程网络的状态通过一个标量来度量，称之为能量，定义为

$$E = -\frac{1}{2}\sum_{ij} w_{ij} s_i s_j + \sum_i \theta_i s_i$$

当神经元更新时，E的值总在减小或不变。多次更新后，随着能量函数达到一个极小值，网络状态收敛到一个稳定状态，该状态对应于系统存储的某个模式。由于整个更新过程根据部分输入回忆出最相似的完整模式，因此霍普菲尔德网络也称为联想存储器。

霍普菲尔德网络的学习过程就是根据给定的一组模式，通过利用赫伯学习率，获得权重矩阵，使得每个模式对应于一个局部极小的过程。其中，赫伯学习率是指神经元同时发出信息，同时传递信息；如果不能同步发出信息，那么一定是它们之间没有连接。

霍普菲尔德网络由于学习效率较低、存在伪模式、不同模式易混淆等问题，实际使用并不广泛，但该模型具有重要的理论意义，玻尔兹曼机等模型都是基于其发展而来的。

3. 玻尔兹曼机

玻尔兹曼机（BM）是霍普菲尔德网络的一个拓展，保持了霍普菲尔德网络的权重对称、自身无连接和二值输出的假设，但同时在网络结构和神经元状态更新策略上采用了新的

策略。

玻尔兹曼机将神经元分为可见节点和隐含节点两类，但隐含节点并不是必需的。可见节点又根据作用不同分为输入节点和输出节点。

玻尔兹曼机的节点状态更新采用随机策略，对于第i个节点，令

$$z_i = \sum_j w_{ij} s_j + b_i$$

则该折点状态更新的概率为（假定状态值取 0 和 1）

$$P(s_i = 1) = \frac{1}{1 + e^{-z_i}}$$

当所有的神经元都不再更新的时候，网络达到了一个平稳状态，该状态出现的概率取决于其能量，定义为

$$P(s) = \frac{\mathrm{e}^{-E(s)}}{\sum_{i \in S} \mathrm{e}^{-E(a)}}$$

令$Z = \sum_{u \in S} e^{-E(ss)}$为状态空间中可能的状态的能量之和，称为配分函数。

玻尔兹曼机是一个随机模型，采用监督学习策略，当给定一组输入和输出时，学习过程其实就是确定这些配置的最大似然估计的过程，但训练过程效率较低。因此后来又提出了只有两层（即可见层和隐含层），层之间全连接，层内无连接的受限玻尔兹曼机（RBM），并提出了一种适用于其的高效的对比散度算法，从而促进了深度学习的出现。

4. 自组织映射

神经系统能够产生任何给定特征空间的自组织的拓扑保留映射，例如，不同的感觉输入（运动、视觉、听觉等）以有序的方式映射到大脑皮层的相应区域。自组织是指仅通过给神经元提供输入特征来组织映射神经元皮质，拓扑保留是指用临近的神经元来表示特征空间的临近区域。自组织映射（SOM）就是对上述神经系统功能的一种人工神经网络模拟。

自组织映射本质上是一个两层的神经网络，包含输入层和竞争层（输出层）。输入层模拟感知外界输入信息的视网膜，输出层模拟做出响应的大脑皮层。训练时采用竞争学习的方式，每个输入的样例在竞争层中找到一个和它最匹配的节点，称为它的激活节点；然后用随机梯度下降法更新激活节点的参数；同时，和激活节点临近的节点也根据它们距离激活节点的远近而适当地更新参数。这种竞争可以通过神经元之间的横向抑制连接来实现，最终实现拓扑保留映射。

自组织映射是无监督学习方法中的一类重要方法，可以用作聚类、高维可视化、数据压缩和特征提取等多种用途。

第四章　机器学习与群集智能

第一节　机器学习

机器学习是继专家系统之后人工智能应用的又一重要研究领域，也是人工智能的核心问题之一。现有的计算机系统和人工智能系统只有非常有限的学习能力，因而不能满足科技和生产提出的新要求。但由于专家系统对机器学习需求的增加，使之过去几年的发展引起了人工智能及认知心理学界的极大兴趣，现在其已进入了一个发展新时期。

一、机器学习的基本概念

（一）机器学习

1. 学习

机器学习的核心是学习，关于学习至今还没有一个精确的、能被公认的定义。对学习这一概念研究的观点主要有以下几种。

（1）按照人工智能大师西蒙的观点

学习就是系统在不断重复的工作中对本身能力增强或改进，使得系统在下一次执行同样任务或类似任务时，会比现在做得更好或效率更高。

（2）从事专家系统研究人们的观点

学习就是获取知识的过程。由于知识获取一直是专家系统建造中的主要问题之一，因此科研人员希望通过对机器学习的研究，实现对知识的自动获取。

（3）心理学家对于学习活动有不同的见解

心理学家大致分为三派：一派主张学习是条件反射作用；一派主张学习是刺激与反应的联结；一派提出“领悟说”，认为学习是重新组织已有的知觉、经验，掌握与领悟情景中各因素间的新关系，从而使问题解决。

综合上述观点我们可以认为学习是一个有特定目的的知识获取过程，其内在行为是获取知识、积累经验直至发现规律；其外部表现是改进性能、适应环境和实现系统的自我完善。

2. 机器学习

机器学习是研究如何使用计算机来模拟人类学习活动的一门学科。稍严格的提法是机器学习是一门研究计算机获取新知识和新技能并识别现有知识的方法。

机器学习的研究工作主要从以下三个方面进行：学习机理的研究，即通过对人类获取知识技能和抽象概念能力的研究，将从根本上解决机器学习中存在的种种问题；学习方面的研究，即通过对人类的学习过程、各种可能的学习方法的探索研究，建立起独立于具体应用领域的学习算法；面向任务的研究，通过对特定任务要求的研究，建立起相应的学习系统。

（二）学习系统

所谓学习系统是指能在一定程度上实现机器学习的系统。学习系统是一个能够学习有关过程的未知信息，并用所学信息作为进一步决策和控制的经验，从而逐步改善系统的性能。类似的定义是若一个系统能够学习某一过程或环境的未知特征固有信息，并用所得经验进行估计、分类、决策或控制，使得全系统的品质得到改善，则称该系统为学习系统。不难理解，一个学习系统应具有如下的条件和能力。

1. 适当的学习环境

这里所说的环境是指学习系统进行学习时的信息来源，若学习系统不具有适当的环境，则其就失去了学习和应用的基础，不能实现机器学习。对不同的学习系统及不同的应用，其环境一般是不相同的。

2. 具有一定的学习能力

除了上述的学习环境，学习系统还必须有合适的学习方法及一定的学习能力。学习过程是系统与环境相互作用的过程，是边学习、边实践，然后再学习、再实践的过程。学习系统也是通过与环境相互作用逐步学到有关知识的，而且在学习过程中要通过实践验证、评价所学知识的正确性。

3. 能应用学到的知识求解问题

学习系统应能把学到的信息用于未来的估计、分类、决策或控制，做到学以致用。

4. 能提高系统的性能

学习系统通过学习应能增长知识，提高技能，改善系统的性能，使它能完成原来不能完成的任务，或比原来做得更好。

（三）机器学习策略类型

学习是一项复杂的智能活动，学习过程与推理过程二者紧密相连，学习中使用的推理方法称为学习策略。学习系统中的推理过程实际上就是一种变换过程，它将系统外部提供的信息变换为符合系统内部表达的形式，以便对信息进行存储和使用。这种变换的性质决定了学习策略的类型为机械学习、通过传授学习、类比学习和通过事例学习。

1. 机械学习

机械学习就是记忆，是最简单的学习策略。这种学习策略不需任何推理过程；外界输入的知识表示方式与系统内部表示方式完全一致，不需要任何处理与转换。虽然机械学习在方法上看似简单，但由于计算机的存储容量相当大，检索速度又相当快，且记忆精度无丝毫误差，所以也会产生难以预料的效果。

2. 通过传授学习

对于使用该种策略的系统来说，外界输入知识的表达方式与内部表达方式不完全一致，系统接受外部知识时需要一点推理、翻译和转化的工作。

3. 类比学习

该系统只能得到完成类似任务的有关知识，即在遇到新的问题时，可学习以前解决过的相类似问题的解决办法，来解决当前的问题。因此，寻求与当前问题相似的已知问题就很重要，并且必须要能够发现当前任务与已知任务的相似之处，由此制定出完成当前任务的方案。因此，它比上述两种学习策略需要更多推理。

4. 通过实例学习

系统事先完全没有完成任务的任何规律性信息，所得到的只是一些具体的工作例子及工作经验。系统需要对这些例子及经验进行分析、总结和推广，得到完成任务的一般性规律，并在进一步工作中验证或修改规律，因此它需要的推理是最多的。

（四）机器学习系统设计的影响因素

机器学习系统设计影响因素主要有以下几个。

1. 环境

环境是指系统获取知识和信息的来源及执行对象等。例如，医疗专家系统的病员、病历档案、医生、诊断书等；模式识别系统的文字、图像、景物；博弈系统的对手、棋局；智能控制系统的被控对象和生产过程等。总之，环境就是为学习系统提供获取知识所需的相关对象素材或信息，如何构造高质量、高水平的信息，将对学习系统获取知识的能力产生很大影响。一般高水平的信息比较抽象，适用于更广泛的问题；低水平的信息比较具体，仅适用于个别问题。若环境提供的是高水平的信息，与一般原则的差别就比较小，则学习环节就比较容易处理，只需补充一些与该对象相关的细节即可。若环境提供的是指导执行具体动作的杂乱无章的低水平信息，则学习环节需要在获得足够数据之后，删除不必要的细节，进行总结推广，形成指导动作的一般原则，放入知识库，这样学习环节的任务就比较繁重，设计起来也较为困难。

2. 学习环节

该环节通过对环境的搜索获得外部信息，并将这些信息与执行环节所反馈回来的信息进行比较。一般情况下，环境提供的信息水平与执行环节所需的信息水平之间往往有差距，经分析、综合、类比和归类等思维过程，学习环节就要从这些差距中获取相关对象的知识，并将这些知识存入知识库中。

3. 知识库

知识库是影响机器学习系统设计的重要因素。知识库中常用的知识表示法有谓词逻辑法、产生式规则法、语义网络法和框架法等。这些表示方法各有特点，在选择表示方法时要考虑以下四个方面。

（1）所选择的知识表示方法是否能够准确表达有关知识

所选择的知识表示方法要能很容易且较准确地表达有关的知识，不同的表示方法适用于不同的知识对象。例如，框架表示法适用于表达结构性知识，它能够把知识的内部结构关系及知识间的联系表示出来；谓词逻辑表示法则适用于表示具有二值逻辑的精确性知识，并能保证经演绎推理所得结论的精确性。

（2）推理难易程度

在具有较强表达能力的基础上，为了使学习系统的计算代价比较低，人们总希望知识表示方法能使推理较为容易。例如，要表示“教职员工”和“教师”间的类属关系，并通过这种类属关系推理求解具有某些特性的教师，利用框架法就比较容易实现这种推理，而用谓词逻辑法实现这种推理就比较困难。

（3）知识库修改的难易

学习系统本身要求其能不断修改自己的知识库，当推理得出一般的执行规则后，就要把它加到知识库中；当发现某些规则不适用时要能将其删除。因此，学习系统的知识表示，一般都采用明确、统一的方式，以利于知识库的修改。显示知识表示方法，如谓词逻辑、产生式规则等就易于实现知识库的修改；隐式知识表示方法，如过程表示、语义网络等就难于修改。从理论上看，知识库的修改是个较为困难的课题，因为新增加的知识可能与知识库中原有的知识相矛盾，所以有必要对整个知识库做全面调整；由于删除某一知识也可能使许多其他的知识无效，因此需要做进一步全面检查。

（4）知识是否易于扩展

随着系统学习能力的提高，单一的知识表示法已不能满足需要，一个系统有时同时使用几种知识表示方法，以便于学习更复杂的知识；有时还要求系统自己能构造出新的表示方法，以适应外界信息不断变化的需要。

4. 执行环节

执行环节是整个学习系统的核心，用于处理系统面临的现实问题，即应用知识库中所学到的知识求解问题，并对执行的效果进行评价，将评价的结果反馈回学习环节，以便系统进一步学习。

（1）任务的复杂性

解决复杂的任务比解决简单的任务需要更多的知识。例如，二分分类是最简单的任务，仅需要一条规则；稍复杂的玩扑克牌的任务需要大约 20 条规则；复杂的医疗诊断专家系统 MYCIN 则需要使用几百条规则。

（2）反馈信息

当执行环节解决当前问题后，根据执行的效果，系统要给学习环节一些反馈信息，以便改善学习环节的性能。所有的学习系统必须以某种方式评价执行环节的效果，一种评价方法是用独立的知识库专门从事这种评价，然而另一种最常用的方法是以外部环境作为客观的评价标准，系统判定执行环节是否按这个预期的标准工作，并由此反馈信息来评价学习环节所学到的知识。

（3）执行过程的透明度

其要求从系统执行部分的动作效果可以很容易对知识库的规则进行评价。例如，下完一盘棋之后从输赢总的效果判断所走每一步的优劣则比较困难，但若记录了每一步之后的局势，从局势判断优劣则比较直观和容易。

二、机械学习概述

（一）机械学习的模式

机械学习是最简单的机器学习方法。机械学习就是记忆，即把新的知识储存起来，供需要时检索调用，而不需要计算和推理。机械学习又是最基本的学习过程。任何学习系统都必须记住它们所获取的知识。在机械学习系统中，知识的获取是以较为稳定和直接的方式进行的，不需要系统进行过多的加工。而对于其他学习系统，则需要系统对各种建议和训练实例等信息进行加工处理后，才能存储起来。

当机械学习系统的执行元件解决完问题之后，系统就记住该问题及其解。

假设要设计一个汽车修理成本估算保险程序，它的输入信息是有关待修理汽车的描述，包括制造厂家、出厂日期、车型、汽车损坏的部位以及车的损坏程度，输出则是该汽车的修理成本。为了进行估算，系统必须在其知识库中查找同一厂家、同一出厂日期、同一车型、同样损坏情况的汽车，然后把知识库中对应的数据作为修理成本的估算数据输出给用户。若在系统的知识库中没有找到这样的汽车，则系统会使用保险公司公布的赔偿规则估算出一个修理费用，并得到确认，然后把该车的描述与估算出的费用存储到知识库中，以便将来查找使用。

机械式学习实质上就是用存储空间来换取处理时间，因此在机械学习中要全面权衡时间与空间的关系，这样才能取得较好效果。

（二）机械学习的主要问题

1. 存储结构

只有检索一个项目的时间比重新计算一个项目的时间短时，机械学习才有意义，检索得越快，其意义也就越大，因此采用适当的存储结构，使检索速度尽可能快，是机械学习中的重要问题。在数据结构与数据库领域，为提高检索速度，人们研究了许多卓有成效的数据存储方式，如索引、排序、杂凑等，在机械学习中可充分利用这些成果。

2. 环境的稳定性和存储信息的适用性

使用机械学习时，系统总是认为保存的知识或信息以后仍然有效，但若环境急剧变化，保存的知识和信息就会失效而不能再使用。例如，知识库存储的是 20 世纪 90 年代计算机的配置及价格，就不能用它来估计 21 世纪当前的计算机配置及价格，因为计算机发展迅速，它的配置和价格目前都已发生了很大的变化，而解决这一问题的办法就是随时监视环境的变化，不断更新知识库中保存的信息或知识。

3. 存储与计算间的权衡

因为机械学习的根本目的是改进系统的执行能力，因此对机械学习来说很重要的一点就是它不能降低系统的效率。这种存储与计算之间的权衡问题有两种解决方法：一种方法是估算一下存储信息所要花费的存储空间及检索信息时所花费的时间，然后将其代价与重新计算所花的代价进行比较，再决定是否存储信息；另一种方法是把信息先存储起来，但为了保证有足够的检索速度，从而限制了存储信息的量，系统只保留那些最常使用的信息，“忘记”那些不常使用的信息，这种方法也叫“选择忘却”技术。

三、指导学习

指导学习又称嘱咐学习或教授学习，在这种学习方式下，由外部环境向系统提供一般性的指示或建议，系统把它们具体转化为细节知识并送入知识库中。在学习过程中系统要反复对形成的知识进行评价，使其不断完善。一般说来，指导学习的过程大体由下列步骤组成。

第一，征询指导者的指示或建议。

其征询方式可以是简单的，也可以是复杂的；既可以是主动的，又可以是被动的。所谓简单征询是指由指导者给出一般性的意见，系统将其具体化；所谓复杂征询是指系统不仅要求指导者给出一般性的建议，而且还要具体地鉴别知识库中可能存在的问题，并给出修改意见。所谓被动征询是指系统只是被动地等待指导者提供意见；所谓主动征询是指系统不只是被动地接受指示而且还能主动地提出询问，把指导者的注意力集中在特定的问题上。

理论上讲，为了实现征询，系统应具有识别、理解自然语言的能力，这样才能使系统直接与指导者进行对话。但由于目前技术水平还不能完全实现这一要求，因而目前征询通常是使用某种约定的语言进行。

第二，把征询意见转换为可执行的内部形式。

征询意见的目的是获得知识，以便用这些知识求解问题。因此，学习系统应具有把用约定形式表示的征询意见转化为计算机内部可执行形式的能力，并且能在转化过程中进行语法检查及适当的语义分析。

第三，并入知识库。

经转化后的知识就可并入知识库，在并入过程中要对知识进行一致性检查，以防止出现矛盾、冗余、环路等问题。

第四，评价。

为了检验新并入知识的正确性，系统需要对它进行评价。最简单也是最常用的评价方法是对新知识进行经验测试，即执行一些标准例子，然后检查执行情况是否与已知情况一致。若出现不一致，则表示新知识中存在某些问题，此时可把有关信息反馈给指导者，请他给出另外的指导意见。

指导学习是一种比较实用的学习方法，可用于专家系统的知识获取。它既可以避免由系统自己进行分析、归纳从而产生新知识所带来的困难，又不需要领域专家了解系统内部的知识表示和组织的细节，因此目前应用较多。

四、类比学习

类比是人类认识世界的一种重要方法，也是诱导人们学习新事物，进行创造性思维的重要手段。类比学习就是通过类比，即通过对相似事物进行比较所进行的学习。类比学习的基础是类比推理，近年来由于对机器学习需求的增加，类比推理越来越受到人工智能、认知科学的重视，科研人员希望通过对它的研究帮助科研人员探讨人类求解问题及学习新知识的机制。

（一）类比推理

所谓类比推理是指由于新情况与记忆中的已知情况在某些方面相似，从而推出它们在其他相关方面也相似。例如，有人说张三是个“活雷锋”，别人立刻就可知道张三是个乐于助人的人。原因是人们把张三的行为和雷锋的行为进行了类比，这时张三是个什么样的人已在头脑中形成。显然，类比推理是在两个相似域之间进行的，即一个是已经认识的域，称为源域S，它包括过去曾经解决过相类似的问题及相关的知识；另一个是当前尚未完全认识的域，称为目标域T，它是遇到的新问题。类比推理的目的是从S中选出与当前问题最近似的问题及其求解方法来求解当前问题，或者建立起目标域中已有命题间的联系，形成新知识。

类比推理的过程可分为以下四步。

1. 回忆与联想

在遇到新情况或新问题时，系统首先通过“回忆”与“联想”在S域中找到与当前相似的情况，这些情况是过去已经处理过的，有现成的解决方法及相关的知识。但找出的相似情况可能不止一个，因此可依其相似度从高到低进行排序。

2. 选择

从上一步找出的相似情况中选出与当前情况最相似的情况及有关知识。

在选择时，相似度越高越好，这有利于提高推理的可靠性。

3. 建立对应关系

这一步的任务是在S与T的相似情况之间建立相似元素的对应关系，并建立起相应的映射。

4. 转换

这一步的任务是在上一步建立的映射下，把S中的有关知识引到T中来，从而建立起求解当前问题的方法或者学习到关于T的新知识。

以上每一步都有一些具体的问题需要解决，下面就结合两种具体的类比学习方法对其进行讨论。

（二）属性类比学习

属性类比学习是根据两个相似事物的属性实现类比学习。该系统中源域和目标域都是用框架表示的，框架的槽用于表示事物的属性，其学习过程是把源框架中的某些槽值传递到目标框架的相应槽中去，此种传递分为以下两步。

1. 利用源框架产生推荐槽，这些槽的值可传送到目标框架。

2. 利用目标框架中已有的信息来筛选由第一步推荐的相似性。

（三）转换类比学习

转换类比学习方法又称为“中间－结局分析”法，是纽厄尔等人在其完成的通用求解程序 GPS 中提出的一种问题求解模型，它求解问题的基本过程如下。

1. 把问题的当前状态与目标状态进行比较，找出它们之间的差异。根据差异找出一个可减小差异的算符。

2. 若该算符可用于当前状态，则用该算符把当前状态改变为另一个更接近目标的状态；若该算符不能用于当前状态，即当前状态所具备的条件与算符所要求的条件不一致，则保留当前状态，并生成一个子问题，然后对此子问题再应用此法。

3. 当子问题被求解后，恢复保留的状态，继续处理原问题。

转换类比学习由外部环境获得与类比有关的信息，学习系统找出和新问题相似的与旧问题有关的知识，并把这些知识进行转换使之适用于新问题，从而获得新的知识。

转换过程把旧问题的求解方法经适当变换后，则使之成为求解新问题的求解方法。变换时，其初始状态是与新问题类似的旧问题的解，即一个算符序列，目标状态是新问题的解。变换中要用“中间－结局分析”法来减少目标状态与初始状态间的差异，使初始状态逐步过渡到目标状态，即求出新问题的解。

尽管人类表现出具有从任何任务中吸取经验的普遍能力，而且类比学习具有很多优点，但是由于类比学习是一种深层知识的学习行为，所以它需要大量的领域知识，如何表示和检索这些领域知识是一项相当棘手的任务。另外，类比学习不应该作为一种孤立的学习行为而存在，多个类比的结合以及类比和理论知识的结合会更易解决面临的问题，还有类比本身存在着模糊的、不确定的因素，要在形式系统的范畴下解决类比有效性的问题，是相当困难的，因此成功的类别学习系统还不多。

五、归纳学习

归纳学习是应用归纳推理进行学习的一类学习方法，按其有无教师指导可分为实例学习和观察与发现学习两种形式。

（一）实例学习

实例学习又称示例学习或通过示例学习，它是通过从环境中取得若干与某概念有关的例子（包括正例和反例），经归纳得出一般性概念或规则的学习方法。例如，学习程序要学习“牛”的概念，可以先提供给程序以各种动物，并告知程序哪些动物是“牛”，哪些不是“牛”，系统学习后便概括出“牛”的概念模型或类型定义，利用这个类型定义就可作为动物世界中识别“牛”的分类准则。又如，人们教给一个程序下棋的方法，可以先提供给程序一些具体棋局及相应的正确走法和错误走法，程序总结这些具体走法，发现一般的下棋策略。因此，实例学习就是要从这些特殊知识中归纳出适用于更大范围的一般性知识，它将覆盖所有的正例并排除所有的反例。

1. 实例学习的学习模型

其学习过程是首先从实例空间（环境）中选择合适的训练实例，然后经解释归纳出一般性的知识，最后再从实例空间中选择更多的示例对其进行验证，直到得到可实用的知识为止。

所谓实例空间是所有可对系统进行训练的实例集合。与实例空间有关的主要问题是示例的质量、数量以及它们在示例空间中的组织，其质量和数量将直接影响到学习的水平，而示例的组织方式将影响到学习的效率。搜索的作用是从实例空间中查找所需的实例。为了提高搜索的效率，就需要设计合适的搜索算法，并把它与实例空间的组织进行统筹考虑。解释是从搜索到的示例中抽象出所需的有关信息供形成知识使用。当实例空间中的示例与知识的表示形式有很大差别时，则需要将其转换为某种适合形成知识的过渡形式。形成知识是指把经解释得到的有关信息通过综合、归纳，然后形成一般性的知识。验证的作用是检验所形成知识的正确性，为此需从实例空间中选择大量的示例。若系统通过验证发现形成的知识不正确，则需进一步获得实例，对刚才形成的知识进行修正，重复这一过程，直到形成正确的知识为止。

2. 实例学习的学习过程

下面使用温斯顿提出的结构化概念学习程序的例子作为模型来说明实例学习的过程。该程序工作在简单的积木世界领域，其目的是构造积木领域中概念定义的表达。

程序从积木世界结构的线条画开始，并构造表示物体结构性描述的语义网络，这种结构性描述可用做学习程序的输入。

（1）概念形成问题的基本方法

温斯顿的程序考虑概念形成问题的基本方法可简单描述如下。

①从一已知概念之实例的结构性描述开始，称该描述为概念定义。

②检查该概念的其他已知实例描述。推广①中的定义，使之包含这些实例。

③检查近似物概念的描述，限制定义使之排除这些近似物。

②步和③步可交替进行。

这一过程中的②、③两步在很大程度上就依赖于比较，根据比较才能找出结构的相似和差别。这种比较与别的匹配处理方法在很多方面是相同的，如决定一产生式规则是否能应用于具体的状态。因为必须找出相似和差别，所以这个过程不仅必须执行严格匹配，也要执行近似匹配。比较过程的输出是一个骨架结构，它描述了两个输入结构之间的共性。骨架结构可用一组比较点来注释，而这些比较点则描述了在输入之间的具体相似和差别。

（2）各种学习程序的差别

上面讨论的实例学习方法目前已为各种学习程序所使用。尽管这些程序不完全相同，但却具有共同的重要特性，即它们依赖环境给予的输入作为实例学习的事例。但是它们也可能在几个重要方面具有差别。

①某些程序依赖一个由教师提供，且经过仔细挑选的训练过的事例序列，而另外一些程序则对它们遇到的事例的顺序不敏感。

②某些程序，如温斯顿程序，特别依赖近似物，而另一些则只依靠正面实例。虽不使用近似物的学习程序已建立，但若推广过头就不能检测和纠正自己的错误。

3. 实例学习的学习技术

利用实例学习的方法有多种形成概念和获得规则的技术，具体如下。

（1）变量代换常量，这是枚举归纳常用的方法。

（2）舍弃条件，舍弃条件是指把实例中的某些无关的子条件舍去。

（3）增加操作，系统有时需要通过增加操作来形成知识，常用的技术有前件析取法和内部析取法。

（4）合取变析取，其是通过把实例中条件的合取关系变为析取关系来形成一般性知识的。

（5）归结归纳。利用归结原理，系统可得到更加成熟的学习方法。

（二）观察与发现学习

观察与发现学习是一种无教师指导的归纳学习。观察学习用于对实例进行概念聚类，形成概念描述；发现学习则用于发现规律，产生定律或规则。

1. 观察学习

观察学习中包含一种概念聚类。人类观察周围的事物，对比各种物理的特性，把它们划分为动物、植物和非生物，并给出每一类的定义。这种把观察的事物按一定方式和标准进行分组，使不同的组代表不同概念，并对每组进行特征概括，得到相应概念的语义符号，这个过程就是概念聚类。

例如，对如下的一些事物。

喜鹊、麻雀、布谷鸟、乌鸦、鸡、鸭、鹅、啄木鸟…

通过观察，根据它们是否家养分成如下两类。

鸟 ={喜鹊、麻雀、布谷鸟、乌鸦、啄木鸟…}

家禽 ={鸡、鸭、鹅…}

这里，“鸟”和“家禽”就是由分类而得到的新概念，并且根据相应的动物特征还可得知如下信息。

鸟有羽毛、有翅膀、会飞、会叫、野生。

家禽有羽毛、有翅膀、会飞、会叫、家养。

若把它们的共同特征抽取出来，就可进一步形成“鸟类”的概念。

2. 发现学习

发现学习是系统直接从（数据）环境中归纳总结出规律性知识的一种学习，即是指机器获取知识无须外部拥有该知识的实体帮助，甚至蕴涵在客观规律中的这类知识至今尚未被人所知。因此，发现学习也是一种高级的学习过程，它要求系统具有复杂的问题求解能力，可分为经验发现和知识发现两种。

在目前人工智能的研究中，一个典型的发现学习系统是 AM，该数学发现学习系统从集合论的几个基本概念出发，经过学习可以发现标准数论的一些概念和定理，甚至有一些数学家未提出的概念。另一个是发现物理学中经验性定律的学习系统 BACON. 3，若给程序提供一系列气体体积随温度、压力变化的实验数据，则系统经过学习概括和归纳推理，就可以得出理想气体的波义耳定律；若提供的是电路的电阻、电流和电压的实验数据，则可以发现欧姆定律；这个系统还能归纳出开普勒、伽利略和库仑等物理学基本定律；在 BACON. 3 的基础上开发的 BACON. 4 不仅可发现欧姆定律、阿基米德定律等物理学定律，还能发现一些早期化学家发现的定律，如普罗斯特定律、盖吕萨克定律、康尼查罗测定法以及普罗斯特的假设等。

六、解释学习

解释学习是近年来出现的一种机器学习方法。这种方法是通过运用相关的领域知识，然后对当前提供的实例进行分析，构造解释结构，然后对解释进行推广得到相应知识的一般性描述。

（一）解释学习的概念

解释学习与类比学习和归纳学习不同，它是通过运用相关的领域知识及一个训练实例来对某一目标概念进行学习，并最终生成这个概念一般描述的可形式化表示框架。

解释学习的一般框架如下。

给定：领域知识、目标概念、训练实例、操作性准则。

找出：满足操作性准则的关于目标概念的充分条件。

其中，领域知识是相关领域的事实和规则，在学习系统中作为背景知识，用于证明训练实例为什么可作为目标概念的一个实例，从而形成相应的解释；目标概念是要学习的概念；训练实例是为学习系统提供的一个例子，在学习过程中起着重要的作用，它应能充分地说明目标概念；操作性准则用于指导学习系统对描述目标的概念进行取舍，使得通过学习产生的关于目标概念的一般性描述成为可用的一般性知识。

由上述描述可以看出，在基于解释的学习中，为了对某一目标概念进行学习，得到相应的知识，就必须为学习系统提供完善的领域知识及能说明目标概念的训练实例。系统进行学习时，应首先运用领域知识找到训练实例为什么是目标概念之实例的解释，然后根据操作性准则对解释进行推广，从而得到关于目标概念的一个一般性描述，即一个可供以后使用的形式化表示的一般性知识。

（二）解释学习的过程

解释学习的学习过程一般分为以下两个步骤进行。

1. 构造解释结构

这一步的任务是要解释提供给系统的实例为什么是满足目标概念的一个实例，其解释的过程是通过领域知识进行演绎推理而实现的，解释的结果是得到一个解释结构。

用户输入实例后，系统首先会进行问题求解，若由目标引导反向推理，则要从领域知识库中寻找有关规则，使其后件与目标匹配。找到这样的规则后，就把目标作为后件，该规则作为前件，并记录这一因果关系，然后以规则的前件作为子目标，进一步分解推理，如此反复，沿着因果链，直到求解结束。一旦得到解，便解释了该例的目标是可以满足的，并最后获得了解释的因果解释结构。

构造解释结构通常有两种方式：一种是将问题求解的每一步推理所用的算子汇集，构成动作序列作为解释结构；另一种是采用自顶向下的方法对解释树的结构进行遍历。前者比较概括，略去了关于实例的某些事实描述；后者比较细致，每个事实都出现在解释树中。解释的构造即可以在问题求解时进行，也可以在问题求解结束后沿着解的路径进行，因此形成了边解边学和解完再学的两种不同方法。

2. 获取一般性的知识

这一步的任务是对上一步得到的解释结构进行一般化处理，从而得到关于目标概念的一般性知识。其处理的方法通常是将常量转化为变量，即把例子中的某些不重要的信息只保留求解所必需的那些关键信息，经过某种方式的组合，形成产生式规则，从而获得以后可应用的一般性知识。当以后求解类似问题时，可直接利用这个知识求解，这就提高了系统求解问题的效率。

（三）解释学习的例子

为了具体了解解释学习的学习过程，可先举一个简单的例子。假设要学习的目标概念是年轻人总比年纪大的人更充满活力，并已知如下事实。

①一个实例，小甲比他的父亲更充满活力。

②一组论域知识。

假设这一组论域知识能解释给出的实例就是目标概念的例子。

解释学习时，系统首先利用论域知识，找到所提供的实例的解释，即小甲之所以比他父亲更充满活力，是由于他比他的父亲年纪轻；然后对此解释进行一般化推广，即任何一个儿子都比父亲年纪轻；由此可得出结论：任何一个儿子都比他的父亲更充满活力。这就是解释学习所要学习的最终描述。

（四）领域知识的完善性

在基于解释的学习系统中，系统通过运用领域知识逐步进行演绎，最终构造出训练实例满足目标概念的解释。在这一过程中，领域知识的完善性对产生正确的学习描述起着重要的作用，但若领域知识不完善，则有可能导致以下两种极端情况。

第一，构造不出解释。这一般是由于系统中缺少某些相关的领域知识，或者是领域知识中包含了矛盾等错误引起的。

第二，构造出了多种解释。这是由于领域知识不健全，已有的知识不足以把不同的解释区分开来造成的。

解决上述问题最根本的办法就是提供完善的领域知识，另外系统也应具有测试和修正不完善知识的能力，使问题尽早发现、尽快解决。

七、学习控制系统

学习控制系统是一个能在其运行过程中逐步获得受控过程及环境的非预知信息，积累控制经验，并在一定的评价标准下进行估值、分类、决策和不断改善系统品质的自动控制系统。

学习控制具有四个主要功能：搜索、识别、记忆和推理。在学习控制系统的研制初期，人们对搜索和识别的研究较多，而对记忆和推理的研究比较薄弱。学习控制系统一般分为两类，即在线学习控制系统和离线学习控制系统。

离线学习控制系统应用较广，而在线学习控制系统则主要用于比较复杂的随机环境。但在线学习比离线学习需要更长的时间。在很多情况下都是两种方法结合使用，先用离线方法尽可能获取先验信息，然后再进行在线学习控制。

（一）基于模式识别的学习控制

学习控制系统的控制器中含有一个模式（特征）识别单元和一个学习（学习与适应）单元。模式识别单元实现对输入信息的提取与处理，提供控制决策和学习适应的依据，这包括提取动态过程的特征信息和识别特征信息。换句话说，模式识别单元对学习控制系统起到了重要作用。学习与适应单元的作用是根据在线信息来增加与修改知识库的内容，改善系统性能。

（二）反复学习控制

反复学习控制是一种学习控制策略，它能够反复应用先前实验得到的信息（而不是系统参数模型），以获得能够产生期望输出轨迹的控制输入，改善控制质量。

反复学习控制的任务是，给出系统的当前输入和当前输出，确定下一个期望输入使得系统的实际输出收敛于期望值。因此，在可能存在参数不确定性的情况下，系统可通过实际运行的输入输出数据获得存储好的控制信号。

第二节　群集智能

一、群集智能概述

人们在很早的时候就对自然界中存在的群集行为颇感兴趣，如大雁在飞行时自动排成人字形，蝙蝠在洞穴中快速飞行时却可以不发生相互碰撞的事故等。人们对于这些和谐现象的一种合理解释是，群体中的每个个体都遵守一定的行为准则，当它们按照这些准则相互作用时就会表现出上述的复杂行为。基于这一思想，克雷格·雷诺兹（Craig Reynolds）提出一个仿真生物群体行为的模型 BOID。这是一个人工鸟系统，其中每只人工鸟被称为一个 BOID，它有三种行为：分离、列队及聚集，并且能够感知周围一定范围内其他 BOID 的飞行信息。BOID 可根据该信息，结合其自身当前的飞行状态，并在那三条简单行为规则的指导下做出下一步的飞行决策。雷诺兹用计算机动画的形式展现了该系统的行为，每个 BOID 能够在即将相撞时立即自动分开，在遇到障碍物分开后又会重新合拢。

所谓群集智能指的是由众多无智能的简单个体所组成的群体，通过相互间的简单合作就能够表现出整体智能行为的特性。在自然界中，动物、昆虫常以集体的力量进行觅食和生存，生物的这种特性是在漫长的进化过程中逐渐形成的，对它们的生存和进化有着十分重要的影响，在这些群体中单个个体所表现出来的是既简单又缺乏智能的行为，而且各个个体之间的行为是相同的，但由个体组成的群体却表现出了一种既有效又复杂的智能行为。群集智能可以在适当的进化机制引导下通过个体交互以某种突现形式发挥作用，这是个体及可能的个体智能难以做到的。人们对群集智能的研究尚处于初级阶段，但是它越来越受到国际智能计算研究领域学者的关注，并逐渐成为一个新的重要的研究方向。

群集智能以群体为主要载体，通过它们个体之间的间接或直接通信进行并行式问题求解。群集智能是任何受群居性昆虫群体和其他动物群体的集体行为启发而设计的算法和分布式问题解决装置的总称。群集智能的特点是最小智能但自治的个体利用个体与个体和个体与环境的交互作用实现完全分布式控制，并具有自主性、反应性、学习性和自适应性。

研究群集智能的方法多是从多 Agent 系统的观点来进行的。该观点假定多 Agent 系统中的每个个体能够感知环境，包括自身和其他 Agent 对环境的改变，Agent 间能通过环境变化来彼此间接通信。而且在一些研究中将人类社会中的一些性能移植到群集智能中去，比如假定每个 Agent 都具有“意志”“信念”，各 Agent 之间既有合作又有竞争，而且遵守各种协议等。国内外许多学者从多 Agent 系统的观点研究讨论了群集智能的性能特点，认为群集智能是由一组可相互通信，互相影响的主动和可移动的 Agent 组成，每个 Agent 只能存取局部信息，而没有中心控制和具有全局观点的个体，是一种分布式的计算环境。

最近国内学者从进化观点的角度探讨了群集智能的现象并采用一种特殊的人工神经网络为群集智能建立了数学模型。该观点将群体看作成“离散的脑袋”，采用离散的人工神经网络来模拟该“离散的脑袋”，建立了随机（连接）神经网络的群集智能模型。具体地说，（以蚂蚁筑巢为例）就是将每只昆虫看成是一个神经元，它们之间的通信联络看成是各神经元之间的连接，但是这个连接是随机的而不是固定的。即用一个随机连接的神经网络来描述一个群体，这种神经网络所具有的性质就是群集智能。

在群集智能的研究与发展的基础上，研究者先后提出了多种群集智能优化算法，当前最典型的有遗传算法、蚁群算法、粒子群算法及鱼群算法，其为解决优化问题提供了新思维。

（一）群集智能的基本概念

群集智能这个概念来自人们对自然界中的一些如蚂蚁、蜜蜂等昆虫的观察。单只昆虫的智能并不高，几只昆虫凑到一起，就可以一起往巢穴搬运路上遇到的食物。如果是一群昆虫，它们就能协同工作，建立起坚固、漂亮的居所，一起抵御危险，抚养后代。这种群居性生物的整体智能充分体现出的是一种群集智能行为。

1. 群集智能应该遵循的基本原则

（1）邻近原则

群体能够进行简单的空间和时间计算。

（2）品质原则

群体能够响应环境中的品质因子。

（3）多样性反应原则

群体的行动范围不应该太窄。

（4）稳定性原则

群体不应在每次环境变化时都改变自身的行为。

（5）适应性原则

在所需代价不太高的情况下，群体能够在适当的时候改变自身的行为。

这些原则说明实现群集智能的智能主体必须能够在环境中表现出自主性、反应性、学习性和自适应性等智能特性。但是，这并不代表群体中的每个个体都相当复杂，而事实恰恰与此相反。就像单只昆虫智能不高一样，组成群体的每个个体可能都只具有简单的智能，它们通过相互之间的合作表现出复杂的智能行为。因此，群集智能的核心是由众多简单个体组成的群体能够通过相互之间的简单合作来实现某一功能，完成某一任务。其中，简单个体是指单个个体只具有简单的能力或智能，而简单合作是指个体和与其邻近的个体进行某种简单的直接通信或通过改变环境间接与其他个体通信，从而可以相互影响、协同动作。

2. 群体智能具有的特点

（1）控制是分布式的，不存在中心控制。因而它更能够适应当前网络环境下的工作状态，并具有较强的鲁棒性，即不会由于某一个或某几个个体出现故障而影响群体对整个问题的求解。

（2）群体中的每个个体都能够改变环境，这是个体之间间接通信的一种方式，这种方式被称为“激发工作”。由于群集智能可以通过非直接通信的方式进行信息的传输与合作，因而随着个体数目的增加，通信开销的增幅较小，因此它具有较好的可扩充性。

（3）群体中每个个体的能力或遵循的行为规则非常简单，因而群体智能的实现比较方便，具有简单性的特点。

（4）群体表现出来的复杂行为是通过简单个体的交互过程突现出来的智能，因此群体具有自组织性。

3. 为了进一步理解群集智能概念，可从不同的角度进行说明

（1）从人工智能角度

人工智能学科正式诞生于 1956 年，但关于智能至今仍没有一个公认的定义。由于人们对智能本质有不同的理解，所以在人工智能长期的研究过程中形成了多种不同的研究途径和方法。其中主要包括符号主义、连接主义和行为主义。符号主义认为，人类智能的基本单元是符号，智能来自谓词逻辑与符号推理，其代表性成果是机器定理证明和各种专家系统。连接主义认为，智能产生于大脑神经元之间的相互作用及信息往来的过程中，因此它通过模拟大脑神经系统结构来实现智能行为，其典型代表为神经网络。行为主义模拟了人在控制过程中的智能活动和行为特性，如自寻优、自适应、自学习、自组织等，强调智能主体与环境的交互作用。行为主义与符号主义、连接主义的最大区别在于它把对智能的研究建立在可观测的具体行为活动的基础上。在行为主义人工智能系统中，每个智能体都是在逻辑上或物理上分离的个体，它们都是某一任务的执行者，而且都具有“开放的”接口，可以与其他智能体进行信息的交换。这些智能体能够自主适应客观环境，而不依赖于设计者制定的规则或数学模型，这种适应的实质就是该复杂系统的各要素（智能体和周围环境）之间存在精确的联系。也就是说，在行为主义人工智能系统中必然存在一些协调机制，这些协调机制可以使智能主体与外界环境相适应，使智能主体的内部状态（即智能主体所具有的几个行为，如避障、探索等）相互配合，并在多个智能主体之间产生协作。显然，协调机制的好坏直接影响着智能系统的性能，因而寻找合理的协调机制成了行为主义人工智能的主要研究方向。群集智能是行为主义人工智能的一种代表性方法，设计行为主义人工智能系统的三条基本原则同样适用于群集智能系统的设计。这三条原则是简单性原则、无状态原则和高冗余性原则。这里，简单性原则是指群体中每个个体的行为应尽量简单，以使系统便于实现，而且更加可靠；无状态原则是指系统设计时应该使系统的内部状态与外在环境保持同步，要求所保留的状态不能在系统中长时间起作用，这就使得系统对于环境的变化和其他失误有更强的适应能力；高冗余性原则是指系统设计时应该使系统能够与不确定因素共存，而不是消除不

确定因素，这样可使智能系统的学习和进化过程保持多样性。

（2）从复杂性科学角度

复杂性科学是研究复杂系统行为与性质的科学，其目标是解答一切常规科学范畴无法解答的问题。复杂性往往是指一些特殊系统所具有的一些现象，这些系统由很多子系统组成，子系统之间相互作用，通过某种目前尚不清楚的自组织过程使得整个系统变得更加有序。复杂性的认识有如下两个关键点：一是复杂性属于某个系统的内禀性质或特征；二是这个性质是突现的，即它是不能通过子系统的性质来预测的，是自组织过程的结果。具有此类性质的系统被称为复杂适应系统（CAS）。

在 CAS 中，复杂的事物是由小而简单的事物发展而来，这种现象被称为复杂系统的涌现现象，涌现的本质就是由小生大，由简入繁。我国学者用“开放的复杂巨系统”的概念来描述具有同样一些性质的系统，这类系统包括错综复杂的社会系统、人体系统、生态环境系统等，对这些系统关键信息特征或功能特征的研究就是复杂性研究的内容，其中包括进化和共同进化特性、适应性、自组织过程、自催化过程、临界性、多层次特性、相变及混沌的边缘等，最重要的就是宏观整体的涌现性质。与笛卡儿哲学不同，复杂系统的涌现特性代表着另一种看待世界的哲学观念。以笛卡儿哲学为基础的近现代科学及文化传统强调从上到下的还原与分析方法，强调有一个中心控制单元的结构，是一种机械的观点。而复杂性研究则强调从下到上的集成方法，强调突现，这是非笛卡儿的观点。群集智能是对自然界中简单生物群体涌现现象的具体研究，因而它从属于复杂性研究，并且遵从非笛卡儿的哲学观念。在研究群集智能时应该采取自下而上的研究策略。

（二）群集智能研究方法的主要优缺点

1. 群集智能的主要优点

群集智能具有的优点如下。

（1）群体中相互合作的智能体是分布的，这样更能够适应当前网络环境下的工作状态。

（2）没有中心控制与数据，这使系统更具有鲁棒性，不会因为某一个或者某几个智能体的故障而影响整个问题的求解。

（3）可以不通过智能体间直接通信，而采用非直接通信进行合作，使系统具有更好的可扩充性。

（4）系统中每个智能体的能力非常简单，执行时间较短且实现也较容易，具有简单性。

（5）智能体相互作用能突现出整体的行为，系统所有上层智能行为都是通过智能体的基本规则相互作用产生的，因此在多任务情况下，系统对于每一子任务可以分别编制、调试、学习。

（6）群集智能系统的强大并行性大大地提高了系统的运算速度及能力。

（7）人工生命中的一个重要原则就是整体大于部分和的思想，由于群集智能的整体行为是由智能体行为突现而产生的，智能体在相互作用中的负关系将会因智能体自身的相互用规则而消减，正关系将得以增强，对于智能体之间的冲突和任务协调等问题，由底层智能体相互作用的规则解决，减少上层对智能体之间的协作、协调控制，避免了上层控制干预下层动作的情况，使得每一层次的控制任务都非常清晰，增加了系统协作协调的效率。

2. 群集智能系统的主要缺点

群集智能的研究还处于萌芽阶段，还存在很多不足，主要缺点如下。

（1）群集智能的思想是根据人们对生物群体观察得来的，是概率算法，从数学上对于它们的正确性与可靠性的证明仍比较困难。

（2）这些算法都是专用算法，一种算法只能解决某一类问题，各种算法之间的相似性很差。

（3）系统高层次的行为需要通过低层次智能体间的简单行为交互突现产生。单一个体控制的简单并不意味着整个系统设计的简单。

（4）系统设计时也要保证多个智能体简单行为交互能够突现出人们所希望看到的高层次复杂行为，这可以说是群集智能中一个极为困难的问题。

（三）群集智能的底层机制

1. 自组织

自组织是一种动态机制，是由底层单元的交互而呈现出系统的全局性的结构。交互仅仅依赖于局部信息，而不依赖于全局的模式。自组织是系统自身涌现出的一种性质，系统中没有一个中心控制模块，也不存在一个部分控制另一部分的情况。自组织的特点就是通过利用同一种介质或者媒体创建时间或空间上的结构，比如蚂蚁筑的巢、寻找食物时的路径等。正反馈群体中的每个具有简单能力的个体表现出某种行为，其会遵循已有的结构或者信息指引自己的行动，并且释放自身的信息素，这种不断的反馈能够使得某种行为得到加强。尽管一开始都是一些随机的行为，但当大量个体遵循正反馈的结果，却呈现出一种自组织结构，自然界通过系统的自组织来解决问题。人们只要理解了大自然中如何使生物系统自组织，就可以模仿该策略使系统自组织。

2. 间接通信

群体系统中个体之间如何进行交互在研究中十分关键。自然个体之间有直接的交流，如触角的碰触、食物的交换和视觉接触等，但个体之间的间接接触更加微妙，有研究者这样来描述这种机制：个体感知环境，对此作出反应，又作用于环境。个体行为影响着环境，又因此而影响着其他个体的行为。个体之间通过作用于环境并对环境的变化作出反应来进行合作。总而言之，环境是个体之间交流、交互的媒介。从蚂蚁觅食到蚂蚁聚集到蚂蚁搬运、筑巢，个体之间的通信机制总是离不开该机制，个体对于环境的作用，通常由各种各样的信息素来体现。

3. 涌现

群集智能中的智能就是大量个体在无中心控制的情况下体现出来的宏观有序的行为，这种大量个体表现出来的宏观有序行为被称为涌现现象。没有涌现现象，就无法体现出智能。因此，涌现是群集智能系统的本质特征。遗传算法之父约翰·霍兰（John Holland）在文献中对涌现现象进行了较为深入的探索，他认为涌现现象的本质是“由小生大，由简入繁”，并且把细胞组成生命体、走棋规则衍生出复杂的棋局等现象都视为涌现现象。他认为神经网络、元胞自动机等都可以算作涌现现象的模型。群体智能的涌现现象与系统论、复杂系统中阐述的涌现本质上是相同的，它是基于主体的涌现。

（四）群集智能不同算法的比较

自20世纪90年代以来，群集智能算法的研究引起了许多学者极大的兴趣，并出现了蚁群算法、粒子群优化算法、人工鱼群算法等一批典型的群集智能优化算法。群集智能不同优化算法的异同如下。

1. 相同点

（1）都是一类不确定的算法，不确定性体现了自然界生物的生理机制，并且在求解某些特定问题方面优于确定性算法。群集智能优化算法的不确定性是伴随其随机性而来的，其主要步骤含有随机因素，从而在算法的迭代过程中，事件发生与否带有很大的不确定性。

（2）都不依赖于优化问题本身的严格数学性质这一特性体现在其连续性、可导性等方面。

（3）都是基于多个智能体的优化算法，群集智能优化算法中的各个智能体之间通过相互协作来适应环境，从而表现出与环境交互的能力。

（4）都具有本质并行性，本质并行性表现在两个方面：一是群集智能优化算法的

内在并行性，即群集智能优化算法本身非常适合大规模并行；二是群集智能优化算法的内含并行性，这使得群集智能优化算法能以较小的计算获得较大的收益。

（5）都具有突现性，群集智能优化算法总目标的完成是在多个智能个体行为的运动过程中突现出来的。

（6）都具有自组织性和进化性，在不确定的复杂环境中，群集智能优化算法可通过自学习不断提高算法中个体的适应性。

（7）都具有鲁棒性，群集智能优化算法的鲁棒性是指在不同条件和环境下算法的适应性和有效性。由于群集智能优化算法不依赖问题本身的严格数学性质和所求问题本身的结构特征，因此用群集智能优化算法求解许多不同问题时，只需要设计相应的评价函数，而不需要修改算法的其他部分。

2. 不同点

虽然目前流行的蚁群算法、粒子群优化算法、人工鱼群算法等都属于群集智能优化算法，但是它们在算法机理、实现形式等方面仍存在许多不同之处，具体如下。

（1）蚁群算法

蚁群算法采用了正反馈机制，这是其不同于其他群集智能优化算法最为显著的一个特点。基本蚁群算法一般需要较长的搜索时间，且很容易陷入局部最优或出现停滞现象。基本蚁群算法主要用于离散空间的优化问题。蚁群算法的参数设置尚无严格的理论依据，因此更多依赖经验与实验。蚁群算法的收敛性能对初始化参数的设置比较敏感。

（2）粒子群优化算法

粒子群优化算法是一种原理相当简单的启发式算法。粒子群优化算法受所求问题维数的影响较小。粒子群优化算法也存在着一些难以解决的问题，如精度较低、易发散等。基本粒子群优化算法主要用于连续空间函数的优化问题。粒子群优化算法的数学基础比较薄弱，目前还缺乏具有普遍意义的理论分析。

（3）人工鱼群算法

人工鱼群算法具有快速跟踪极值点漂移的能力，而且也具有较强的跳出局部极值点，获得全局极值的能力。人工鱼群算法具有对初值与参数选择不敏感、鲁棒性强、简单、易于实现等诸多特点。人工鱼群算法获取的是系统的满意解域，但对于精确解的获取，还需对其进行改进。基本人工鱼群算法主要用于连续空间函数的优化问题。当人工鱼个体数目较少时，人工鱼群算法便不能体现其快速有效的群体优势。人工鱼群算法的数学基础比较薄弱，并且目前还缺乏具有普遍意义的理论分析。

研究群集智能系统的特性与规律，是一个具有理论和应用两个方面重要意义的课

程。它的研究与发展，为人工智能领域带来了新的活力，提供了解决问题的全新角度和方法，同时由于其具有广阔的市场前景，并与人类社会经济发展密切相关，其现实意义非常明显。

二、蚁群算法

（一）蚁群算法的生物原型

博纳博等人在其作品中描述了生物蚂蚁群体的一些行为，如觅食、劳动分工、尸体聚集、巢穴构造、合作运输等，并分别对其建模，然后采用仿生隐喻的手段设计了一系列算法、多主体和机器人团队。该作品集中介绍了社会性昆虫（主要是蚁群）的行为建模和蚁群优化算法及其性能。

1. 蚁群觅食

自然界蚂蚁的食物源总是随机分布在其巢穴周围。人们观察发现，蚁群觅食时都存在“信息激素遗留”和“信息激素跟踪”两种行为，即蚂蚁一方面会在其行走经过的路径上留下信息激素，另一方面也会按照一定的概率沿着信息激素较强的路径去寻找食物。除去激素的挥发外，路径越短的路径上积累的信息激素越多；经过一段时间后，蚂蚁总是沿着一条从巢穴到食物源的最短路径行走。当觅食过程中出现了障碍物时，蚁群也能迅速做出反应，最终沿着一条从巢穴到食物源的最短路径去搬运食物。研究人员深入观察发现，虽然自然界的蚂蚁经常更换巢穴的位置，并且是在不同的地点找到食物，但是从巢穴到食物源的路径始终是最短的。生物学家高斯和德纳堡在对真实的阿根廷蚁群的觅食行为所进行的实验中也同样观察到了这个奇妙的现象。

2. 蚁群墓地构造

观察和实验表明，蚁群需要而且能够构造墓地。克雷蒂安对黑毛蚂蚁的墓地构造做了许多细致的实验，德纳堡则对苍白大头蚂蚁的墓地构造进行了实验。从这些实验中人们可以发现，工蚁会将死去的蚂蚁尸体聚集在一起，最初死去的蚂蚁的尸体是随机分布的，而几个小时以后工蚁会将这些尸体逐步聚集成一系列较小的簇，这些簇周围的信息激素浓度相对较高，从而吸引蚂蚁在其周围堆积更多的尸体，最终聚集形成少数几个簇。如果实验场所是非空旷的，或者其中包括几种不同种群的蚂蚁，那么相应的簇就会沿着区域的边界或者种群的边界而形成。

3. 蚁群劳动分工

很多昆虫群体中存在着劳动分工现象，蚁群的劳动分工具有层次结构。第一层次的划分一般可分为从事繁殖的个体和从事日常工作的个体。对从事日常工作的个体又可以

进行下一层次的划分，如可分为寻找食物的蚂蚁和建筑巢穴的蚂蚁等。蚁群劳动分工的显著特点就是由个体行为柔性产生的群体分工可塑性，即执行各项任务蚂蚁的比率在内部繁衍生息的压力和外部侵略挑战的作用下是可以变化的。令人惊奇的是，蚂蚁是在并不知晓任何关于群体需求的全局信息的情况下，自动实现群体内个体的分工，并达到一个相对平衡的。其结果不仅使得每个蚂蚁都在忙碌地工作，而且工作的分工又恰好符合群体对各项工作的要求。

生物学中一个有趣的实验也确认了这一事实。实验内容是先将一只蚂蚱切成 3 块，第 2 块比第 1 块大一倍，第 3 块又比第 2 块大一倍，然后放到蚂蚁洞附近。一段时间以后人们发现各块蚂蚱周围的蚂蚁数分别为 28 只、44 只和 89 只，基本也是各增加一倍。

（二）基本蚁群算法的原理

随着近代仿生学的发展，人们越来越关注自然界中一些看似微不足道的生物行为。蚁群算法是一种较新型的寻优策略。与其他的智能算法相比较，有相关的计算实例表明，该算法具有良好的收敛速度，且得到的最优解更接近理论最优解。20 世纪 90 年代初期，意大利学者通过模拟自然界中蚂蚁集体寻径的行为而提出了蚁群算法（ACO），这是一种基于种群的启发式仿生进化算法。该算法最早成功应用于解决著名的旅行商问题（TSP）。其采用分布式并行计算机制，易于与其他方法结合，具有较强的鲁棒性。

蚂蚁属于群居昆虫，个体行为极其简单，但它们可以通过相互协调、分工合作完成不论工蚁还是蚁后都不可能有足够能力来指挥完成的筑巢、觅食、迁徙、清扫蚁穴的复杂行为，比如蚂蚁在觅食过程中能够通过相互协作找到食物源和巢穴之间的最短路径，而单个蚂蚁则不能。此外，蚂蚁还能够适应环境的变化，如在蚁群的运动路线上突然出现障碍物时，它们能够很快重新找到最优路径。人们通过大量研究发现，蚂蚁个体之间是通过在其所经过的路上留下一种被称为“信息素”的物质来进行信息传递的。随后的蚂蚁遇到信息素时，不仅能检测出该物质的存在及量的多少，而且还可根据信息素的浓度来指导自己对前进方向的选择。同时，该物质随着时间的推移会逐渐挥发，于是路径的长短及该路径上通过的蚂蚁的多少就会对残余的信息素的强度产生影响，反过来信息素的强弱又指导着其他蚂蚁的行动方向。因此，某一路径上走过的蚂蚁越多，则后来者选择该路径的概率就越大，这就构成了蚂蚁群体行为表现出的正反馈现象。蚂蚁个体之间就是通过这种信息交流来达到最快搜索到食物源的目的的。

蚁群算法是一种基于模拟蚂蚁群行为的随机搜索优化算法。蚂蚁在路径上前进时会根据前边走过的蚂蚁所留下的分泌物选择它要走的路径。它选择一条路径的概率与该路径上分泌物的强度成正比。因此，由大量蚂蚁组成的群体的集体行为实际上构成了一种

学习信息的正反馈现象：某一条路径走过的蚂蚁越多，后面的蚂蚁选择该路径的可能性就越大。蚂蚁个体间通过这种信息的交流寻求通向食物的最短路径。蚁群算法就是根据这一特点，通过模仿蚂蚁的行为，从而实现寻优的。这种优化过程的本质如下。

1. 选择机制

分泌物越多的路径，被选择的概率越大。

2. 更新机制

路径上面的分泌物会随蚂蚁的经过而增长，而且同时也随时间的推移逐渐挥发消失。

3. 协调机制

蚂蚁间实际上是通过分泌物来互相通信、协同工作的。蚁群算法正是充分利用了这样的优化机制，即通过个体之间的信息交流与相互协作最终找到最优解，使它具有很强的发现较优解的能力。

（三）蚁群优化算法的特点

从大量的实验结果和分析来看，蚁群优化系统具有如下几个特点。

1. 较强的鲁棒性

对基本的蚁群优化算法模型稍加修改，便可以应用于其他问题，并且参数的选择也比较固定。随着问题的复杂性增强，实验表明不用修改系统参数也能够得到很好的实验结果。

2. 分布式计算

蚁群算法是一种基于种群演化计算的算法，具有本质上的分布性和并行性，易于分布和并行实现。

3. 多解性

由于蚁群算法采用种群的方式进行演化计算，当种群完成一次求解后，都能提供多个近似解，这对多目标搜索或需要多个近似解作为参照的情况非常有用。

4. 易于与其他方法结合

蚁群算法很容易与其他的启发式算法（例如，神经网络、贪婪算法等）和局部搜索算法结合，以改善算法的性能。

5. 实验结果优

选择较好的实验参数，蚁群优化算法往往能够得到好的实验结果。在大多数情况下，其能够得到比遗传算法及其他算法要好的实验结果。

6. 速度快

该算法能够利用正反馈的特性很快找到较好的实验结果。

（四）基本蚁群算法的基本阶段

蚁群算法包含两个基本阶段：适应阶段和协作阶段。在适应阶段，各候选解根据积累的信息不断调整自身结构，路径上经过的蚂蚁越多，信息素数量越大，则该路径越容易被选择，时间越长，信息素数量越小；在协作阶段，候选解之间通过信息交流，以期望产生性能更好的解。

（五）蚁群算法的进化过程

蚁群算法是一种随机搜索算法，与其他模型进化算法一样，其通过候选解组成群体的进化过程来寻求最优解，该过程包含两个阶段：适应阶段和协作阶段。在适应阶段，各候选解根据积累的信息不断调整自身结构；在协作阶段，候选解之间通过信息交流，以期望产生性能更好的解。蚁群算法不需要任何先验知识，最初只是随机地选择搜索路径，随着系统对解空间的“了解”，搜索变得有规律，并最终达到全局最优解。

（六）改进的蚁群算法

虽然蚁群算法有诸多的优点，但是它也存在一些不足之处。同其他方法相比较，该算法一般需要较长的搜索时间，这可以从其算法复杂度看出。虽然计算机计算速度的提高和蚁群算法的本质并行性在一定程度上可以缓解这一问题，但是对于大规模优化问题，这还是一个很大的障碍。另外，该算法易出现停滞现象，即搜索进行到一定程度后，所有个体所发现的解趋于一致，不能对解空间进一步进行搜索，不利于发现更好的解。在该算法中，“蚂蚁”总是依赖于其他“蚂蚁”的反馈信息来强化学习，而不去考虑自身的经验积累，这样的盲从行为，容易导致早熟、停滞现象，从而使算法的收敛速度变慢。基于蚁群算法收敛速度变慢，易导致系统陷入局部极小值的问题，对此人们分别提出了对其的改进算法，如具有变异特征的蚁群算法，排序加权的蚁群算法等。

1. 变异蚁群算法

虽然，蚁群算法具有很强的求解能力，不容易陷入局部最优，但是由于蚁群中各个体的运动是随机的，当群体规模较大时，也很难在较短的时间内从大量杂乱无章的路径中找出一条较好的路径。为了克服计算时间较长的缺陷，受到遗传算法中的变异算子的作用的启发，人们找出了一种新的蚁群进化算法——具有变异特征的蚁群算法。该算法汲取了前两种算法的优点，在时间效率上优于蚁群算法，在求精解效率上优于遗传算法，是时间效率和求解效率都比较好的一种新的启发式方法。

由于变异的次数是随机的，这一过程所涉及的运算比蚁群算法中的循环过程要简单得多，因此变异蚁群算法只需较短的时间便可完成相同次数的运算。另一方面，经过这种变异算子作用后，这一代解的性能会有明显改善，从而也能改善整个群体的性能，减少计算时间。

变异算子的引入，经过较少的进化代数就可以找到相同的较好解，大大节省了计算时间，这对于求解大规模优化问题将是十分有利的。

2. 排序加权的蚁群算法

（1）基本思想

基于排序加权的蚁群算法的基本思想为，对于每只“蚂蚁”把一次循环结束后生成的路径按照长短排序，每只“蚂蚁”对信息素更新的贡献视其在循环中生成路径的长短而定，路径越短其贡献越大，即在蚁周模型基础上对第 n 只最好“蚂蚁”的信息素更新规则加权系数，这样使得每只“蚂蚁”在全局更新策略中都做出贡献，并且依照其表现优劣而使贡献各不相同。与精英“蚂蚁”策略相比，该算法削弱了精英“蚂蚁”在信息素更新过程中起到的作用，避免了精英策略中使搜索很快集中在极优解附近，从而导致早熟收敛的问题。除此之外，该算法又使得每一只“蚂蚁”都参与到信息素更新过程中，与一般的蚁群算法相比，又提高了收敛速度，而且每只“蚂蚁”对信息素更新的贡献中所取权值为加权系数，该数列为一个等比数列，使得各个“蚂蚁”表现的优劣在更新过程中差异较大，提高了算法对较优“蚂蚁”的重视程度，而削弱对较差“蚂蚁”的重视程度，因此在一定程度上可以看作是一种较好的改进算法。

（2）排序加权的蚁群算法对 BP 神经网络的优化

蚁群算法优化 BP 神经网络基本思想：针对 BP 算法容易陷入局部极小的不足，人们提出了蚁群 BP 神经网络训练方法。神经网络训练过程可看作一个最优化问题，即找到一组最优的实数权值和阈值组合，使得在此权值和阈值下的输出结果与期望结果之间的误差最小，蚁群算法成为寻找这一最优权值组合的较好选择。

排序加权蚁群算法是一种全局优化的算法，它采用了全局更新思想，并引入加权系数。因此，用它来训练神经网络的权值和阈值，可避免 BP 算法的一些缺陷。

该算法实现的步骤如下。

①先初始化 BP 网络结构，设定网络的输入层、隐含层、输出层的神经元个数。

②初始化信息素浓度、个体最优、全局最优。

③用确定的优化函数计算每只蚂蚁的转移概率。

④根据每只“蚂蚁”的转移概率得出本次最优路径（这里改进型蚁群神经网络中“蚂

蚁”走过的路径为神经网络的输出误差，简称最优值），与其最优值比较，若更优，则更新最优值。

⑤将每只“蚂蚁”的最优值与整个蚁群的最优值相比较，若更优则称为整个蚁群新的最优值，从而对所有路径进行排序选出最优路径。

⑥更新每只“蚂蚁”的信息素浓度。

⑦比较次数是否达到最大迭代次数或预设的精度。若满足预设精度，算法收敛，最后一次迭代的全局最优值中每一维的权值和阈值就是人们所求的；否则返回步骤③，算法继续迭代。

三、粒子群优化算法

粒子群优化（PSO）算法是基于群体智能理论的优化算法，是一种新兴的随机全局优化技术。它的基本概念源于人们对人工生命和鸟群捕食行为的研究，是基于种群的全局搜索策略。其通过种群中粒子间的合作与竞争产生群体智能指导优化搜索。

（一）粒子群优化算法的生物原型

克兰尼等人通过观察鸟群觅食的协同运动，开创了粒子群优化这一新型群集智能方法的研究领域，并以此为基础提出了以下基本观点。

①人类智能的产生源于社会交往。

②文化和认知是人类社交的结果。

假设一个场景：鸟群在某个区域随机搜索食物，并且这个区域里只有一块食物；所有的鸟都不知道食物的摆放之处，但知道当前位置离食物还有多远。显然，寻找该食物的最简单有效的策略就是搜索当前离食物最近的鸟的周围区域。而在这一搜索过程中，每个鸟都是根据下面 3 个量的“矢量和”来确定自己飞行的速率和方向。

①当前的速率和方向；②全局最优位置；③该鸟自身经历过的最优位置。基于上述场景中的搜索寻优过程所抽象形成的一类优化算法即为粒子群优化算法 PSO。

PSO 作为一个新兴的智能算法，不可避免的仍存在着不足。比如，虽然 PSO 在实际应用中证明是有效的，但是并没有给出收敛性和收敛速度估计方面的数学证明，其理论和数学基础的研究目前还不够；PSO 有时候会陷入局部最优解的问题，尤其是惯性权重对算法性能具有很大的影响。因此应该加大 PSO 和其他算法之间的结合来更好地解决这个问题。

（二）改进粒子群优化算法

1. 引导位置更新法

引导位置更改法的基本原理：基本粒子群算法存在易陷入局部最优导致的收敛速度慢、精度低等问题。影响收敛速度的一个重要原因在于其随机性较强，使寻优过程沦为“半盲目”状态，从而减缓了收敛速度。针对此问题，研究人员提出了一种引导型粒子群算法，利用数学中的外推技巧给出了两个新的粒子位置更新公式，对粒子位置更新加以引导，试图减少算法随机性以提高搜索效率。

2. 权重线性调整法

在粒子群算法优化过程中，无论是早熟收敛还是全局收敛，粒子群中的粒子都会出现“聚集”现象。当某个粒子处在“最优位置”时，其余粒子会迅速地飞向该位置，可能造成所有粒子聚集在某一特定位置，或者聚集在某几个特定位置的结果。一般，位置取决于粒子群算法本身的特性及适应度函数的选择。

（三）改进粒子群算法对 BP 神经网络的优化

改进 PSO 作为一种新兴的进化算法，其收敛速度快、鲁棒性高、全局搜索能力强，且不需要借助问题本身的特征信息（如梯度）。将改进 PSO 与神经网络结合，用改进 PSO 算法来优化神经网络的连接权值，可以较好地克服 BP 神经网络的问题，这样其不仅能发挥神经网络的泛化能力，而且还能够提高神经网络的收敛速度和学习能力。

与遗传算法和其他智能算法比较，改进 PSO 保留了基于种群的全局搜索策略，但是其采用的速度 - 位移模型操作简单，避免了复杂的遗传操作如编码、交叉和变异，而是依据粒子在解空间所处的情况进行搜索，整个算法简单且易于实现，具有更快的收敛速度，是一类有着潜在竞争力的神经网络学习算法。实验表明，与遗传算法做比较，粒子群优化算法不仅使训练的收敛速度大大提高，而且其训练的神经网络的性能也显著增强。

第五章　人工智能识别技术与智能控制

第一节　人工智能识别技术

模式识别是一门以应用为基础的科学，随着人工智能、机器学习和计算机网络等相关技术的快速发展，模式识别得到越来越多的关注，模式识别技术也越来越完善，模式识别研究在近几年来取得了令人瞩目的成就，一批批研究成果在越来越多的领域得到了广泛应用和推广。

一、文字识别技术

（一）字符联机识别的一般原理

字符联机识别是模式识别领域的一个重要分支，是迄今为止在模式识别中研究得相对较充分的一个领域。自然手写汉字识别是联机字符识别中具有挑战性的课题和研究热点。

识别算法的任务就是要解决文字的模式分类问题。一般通过特征提取和特征匹配来实现，这一直是文字识别的两大支柱。文字识别的历史，是特征抽取和匹配技术的发展史。采用不同的识别策略和系统拓扑结构，抽取特征的类型和数目会有所不同，可选取已经研制出的数目众多的特征或开发新特征。特征抽取的三原则：①稳定性好。同一字符构形变化时，特征一般不变或变化小，即容忍度强或敏感性弱。特征稳定性好一方面有利于建立较完备且模板数量较少的特征库，加快查找速度；再者对提高系统识别率有重要作用。②区分度高。即对字符的分类能力强，提高特征的有效性。在不同识别层次或级别，有不同要求。特征区分度较高，可显著地降低粗分类输出的候选字符集重码数量。③易于提取。若该特征不能或不易于提取或提取速度很慢，即使稳定性好和区分度高的特征也没有实用意义。特征抽取三原则彼此存在冲突，存在矛盾。如区分度高的特征，往往对字形畸变较敏感，稳定性就差一些；而稳定性好的特征，对字形变化的容忍能力较强，但分类能力就受影响。所以，需要研制者的经验和反复测试分析，综合权衡确定。例如，为降低系统误识和拒识率，粗分类时可以降低区分度要求，特征稳定性要求才是第一位

的；在细分类阶段，区分度要求成为首要问题，否则，难以有效地识别相似模式。特征匹配，就是将抽取的待识模式特征向量或特征矩阵，与系统通过样本学习（有教师或无教师）建立的特征库（识别字典）中预存的特征进行各种匹配运算，计算出最相似的模式，给出识别结果。匹配策略可分为精确匹配和非精确匹配（模糊匹配）两大类：精确匹配用相等或完全一致的策略，要求待识模式特征与特征库预存特征完全匹配。采用特征库查找技术，优点是速度快，误识率低，但相对会增加拒识率；非精确匹配应用相似判决策略，采用计算技术计算待识模式与预存模式之间的距离或类似度或隶属度等判决函数值，决定最相似模式作为识别结果。因存在大量迭代计算，减慢了匹配速度，好处是拒识率为零，但误识率会相对增加。特征匹配技术已经从最早的模板匹配发展到现在的多算法集成匹配技术，用系统观点来研究问题。如何选取和开发能反映事物本质的特征及不同算法的综合集成问题，正是有待进步研究、不断探索和完善的课题。

（二）结构层次与识别策略

汉字识别属于二维图形模式分类问题。对一个汉字进行机器识别，就是把一个输入模式（单个汉字）通过识别系统分类后，指定为若干个预定义的模式类（国标两级汉字共6763个模式类）中的一个（无重码输出）或几个（有重码输出）模式，给出分类结果。汉字是二维的图形文字，其分类方法主要有结构分类和统计分类两大类。无论是联机识别还是脱机识别，由于手写汉字的结构复杂性和模式畸变，其主流是以结构为基础的统计－结构分类法，主要对构成汉字笔画形状、位置及其相互位置关系特征进行分析研究。

对汉字这种结构组合式文字进行识别，采用以结构分析为基础的多层识别策略和体系，要求按结构进行模式划分，即结构分层。逐层用一小组结构较为简单、数目较少的基元和文法规则来描述庞大和复杂的模式。这符合人类处理复杂问题时经常采用的由简到繁、逐步求精策略。不同的技术系统，分析研究问题的出发点和立场有所不同，表现在采用识别策略和定义汉字结构分层方面也不尽相同。

为了适应自然手写汉字字形较大的变形或模式畸变，具有较高稳定性或变形容忍度，需要对这些问题进行深入细致的研究，才可能构建出较好的识别系统。

（三）句法模式识别

这是根据字符的结构，用有限状态文法结构，构成形式语句进行识别。用这类方法识别文字时，不仅要分析构成文字的基本特征，并且要研究文字的结构与特征属性间的关系。例如，就文字识别中的汉字识别来说，识别“杏”与“呆”两个字时，可把“木”和“口”看作两个子图像或基元。用“木”在“口”上面或“木”在“口”下面的形式语句描述它们的结构关系，而得以识别为“杏”或“呆”。对于任何一类字符，均可从

中抽取“有限特征集”作为描述字符的基元，用一种“有限状态文法”构成的语言函数来描述。它可用一个序列或状态流程或树的句法形式表示。这就是用语言学的文法推理来识别文字。

模糊集合理论也逐渐应用到文字识别中，目前正在研究发展中。根据上述三类识别原理，在实际应用中蓬勃发展起来的方法还是很多的。

汉字识别比上述文字识别（或称字符识别）要困难得多，因为汉字种类多，数量庞大（四万以上），构形复杂。在图像识别中，汉字可视为一种特殊的图画和符号系统，它与西方语言不同，没有字母顺序，字的尺寸均匀，形状总是方的，而且由笔画组成（一个汉字可以有 1 ～ 30 画），可以拥有大量的结构。笔画的外形有许多规律性，虽然一个汉字往往仅是两个或更多个较简单的汉字的两维排列，但其笔画和笔画集合却是以许多不同的方式联系起来的，由此组成了数千个不同的汉字图形。

二、语音识别技术

模式识别中的一个重要应用是语音识别，其目的就是让计算机能听懂人说的话。语音识别技术的应用包括语音拨号、语音导航、室内设备控制、语音文档检索、简单的听写数据录入、音乐搜索等。主流的大词汇量语音识别系统多采用统计模式识别技术。

语音是人类信息交流的基本手段，语音中包含语义信息、语言信息、说话人信息和情感信息等。语音识别就是让机器通过识别和理解过程把语音信号转变为相应的文本或命令的技术，即让计算机识别出人类语音中的各种信息。语音识别涉及信号处理、模式识别、概率论、信息论、发声机理和听觉机理、人工智能等学科。语音识别已经在语音输入系统、语音控制系统和智能对话查询系统中得到了广泛的应用。例如在语音控制系统中，就是利用语音来控制设备的运行，相对于手动控制来说更加快捷、方便。另外，语音识别可以用在诸如工业控制、语音拨号系统、智能家电等许多领域。

按照识别任务的不同，语音识别可以分为四类：声纹识别、语种识别、关键词识别和连续语音识别。所谓声纹识别，就是从语音信号中提取说话人的信息以鉴别说话人身份的技术。语种识别就是识别出语音所属的语言，广泛应用于语音信息检索和军事领域。关键词识别就是从说话人的连续语音中把特定的关键词检测出来，如人名、地名和事件名等，广泛应用于语音检索和语音监控中。连续语音识别就是识别人类的自然语言，将这种口述语言转换为相应的文本，或者对口述语言中包含的要求或询问做出正确的反应。

（一）语音识别的特征提取

语音识别的难点之一在于语音信号的复杂性和多变性。一段看似简单的语音信号，

其中包含了说话人、发音内容、信道特征、方言口音等大量信息；此外，这些信息互相组合在一起又表达了情绪变化、语法语义、暗示内涵等更为丰富的信息。在如此众多的信息中，仅有少量的信息与语音识别相关，这些信息被淹没在大量信息中，因此充满了变化性。语音特征抽取即是在原始语音信号中提取出与语音识别最相关的信息，滤除其他无关信息。比较常用的声学特征有三种，即梅尔频率倒谱系数、梅尔标度滤波器组特征和感知线性预测倒谱系数。梅尔频率倒谱系数特征是指根据人耳听觉特性计算梅尔频谱域倒谱系数获得的参数。梅尔标度滤波器组特征与梅尔频率倒谱系数特征不同，它保留了特征维度间的相关性。感知线性预测倒谱系数在提取过程中利用人的听觉机理对人声建模。

（二）语音识别的声学模型

声学模型承载着声学特征与建模单元之间的映射关系。在训练声学模型之前需要选取建模单元，建模单元可以是音素、音节、词语等，其单元粒度依次增加。若采用词语作为建模单元，每个词语的长度不等，从而导致声学建模缺少灵活性。此外，由于词语的粒度较大，很难充分训练基于词语的模型，因此一般不采用词语作为建模单元。相比之下，词语中包含的音素是确定且有限的，利用大量的训练数据可以充分训练基于音素的模型，因此目前大多数声学模型一般采用音素作为建模单元。语音中存在协同发音的现象，即音素是上下文相关的，故一般采用三音素进行声学建模。由于三音素的数量庞大，若训练数据有限，那么部分音素可能会存在训练不充分的问题，为了解决此类问题，既往研究提出采用决策树对三音素进行聚类以减少三音素的数目。

比较经典的声学模型是混合声学模型，大致可以概括为两种：基于高斯混合模型－隐马尔科夫模型的模型和基于深度神经网络－隐马尔科夫模型的模型。

1. 基于高斯混合模型－隐马尔科夫模型的模型

隐马尔科夫模型的参数主要包括状态间的转移概率以及每个状态的概率密度函数，也叫出现概率，一般用高斯混合模型表示。

出现概率采用高斯混合模型，具有训练速度快、模型小、易于移植到嵌入式平台等优点，缺点是没有利用帧的上下文信息，缺乏深层非线性特征变化的内容。高斯混合模型代表的是一种概率密度，它的局限在于不能完整模拟出或记住相同音的不同人间的音色差异变化或发音习惯变化。

就基于高斯混合模型－隐马尔科夫模型的声学模型而言，对于小词汇量的自动语音识别任务，通常使用上下文无关的音素状态作为建模单元；对于中等和大词汇量的自动语音识别任务，则使用上下文相关的音素状态进行建模。

2. 基于深度神经网络－隐马尔科夫模型的模型

基于深度神经网络－隐马尔科夫模型的声学模型是指用深度神经网络模型替换上述模型的高斯混合模型，深度神经网络模型可以是深度循环神经网络和深度卷积网络等。

与基于高斯混合模型的声学模型相比，这种基于深度神经网络的声学模型具有两方面的优势：一是深度神经网络能利用语音特征的上下文信息；二是深度神经网络能学习非线性的更高层次特征表达。故此，基于深度神经网络－隐马尔科夫模型的声学模型的性能显著超越基于高斯混合模型－隐马尔科夫模型的声学模型，已成为目前主流的声学建模技术。

（三）语音识别的语言模型

语言模型是根据语言客观事实而进行的语言抽象数学建模。语言模型亦是一个概率分布模型 P，用于计算任何句子 S 的概率。

例 1：令句子 S=“今天天气怎么样”，该句子很常见，通过语言模型可计算出其发生的概率 P（今天天气怎么样）=0.80000。

例 2：令句子 S=“教材智能人工”，该句子是病句，不常见，通过语言模型可计算出其发生的概率 P（教材智能人工）=0.00001。

在语音识别系统中，语言模型所起的作用是在解码过程中从语言层面上限制搜索路径。常用的语言模型有 N 元文法语言模型和循环神经网络语言模型。尽管循环神经网络语言模型的性能优于 N 元文法语言模型，但是其训练比较耗时，且解码时识别速度较慢，因此目前工业界仍然采用基于 N 元文法的语言模型。语言模型的评价指标是语言模型在测试集上的困惑度，该值反映句子不确定性的程度。如果我们对于某件事情知道得越多，那么困惑度越小，因此构建语言模型时，目标就是寻找困惑度较小的模型，使其尽量逼近真实语言的分布。

（四）语音识别的解码搜索

解码搜索的主要任务是在由声学模型、发音词典和语言模型构成的搜索空间中寻找最佳路径。解码时需要用到声学得分和语言得分，声学得分由声学模型计算得到，语言得分由语言模型计算得到。其中，每处理一帧特征都会用到声学得分，但是语言得分只有在解码到词级别才会涉及，一个词一般覆盖多帧语音特征。故此，解码时声学得分和语言得分存在较大的数值差异。为了避免这种差异，解码时将引入一个参数对语言得分进行平滑，从而使两种得分具有相同的尺度。构建解码空间的方法可以概括为两类静态的解码和动态的解码。静态的解码需要预先将整个静态网络加载到内存中，因此需要占用较大的内存。动态的解码是指在解码过程中动态地构建和销毁解码网络，这种构建搜

索空间的方式能减小网络所占的内存，但是基于动态的解码速度比静态慢。通常在实际应用中，需要权衡解码速度和解码空间来选择构建解码空间的方法。解码所用的搜索算法大概分成两类，一类是采用时间同步的方法，如维特比算法等；另一类是时间异步的方法，如A星算法等。

（五）基于端到端的语音识别方法

上述混合声学模型存在两点不足：一是神经网络模型的性能受限于高斯混合模型-隐马尔科夫模型的精度；二是训练过程过于繁复。为了解决这些不足，研究人员提出了端到端的语音识别方法，一类是基于连接时序分类的端到端声学建模方法；另一类是基于注意力机制的端到端语音识别方法。前者只是实现声学建模的端到端，后者实现了真正意义上的端到端语音识别。

基于连接时序分类的端到端声学建模方法只是应用在声学模型训练过程中，其核心思想是引入了一种新的训练准则连接时序分类，这种损失函数的优化目标是输入和输出在句子级别对齐，而不是帧级别对齐，因此不需要高斯混合模型-隐马尔科夫模型生成强制对齐信息，而是直接对输入特征序列到输出单元序列的映射关系建模，极大地简化了声学模型训练的过程。但是语言模型还需要单独训练，从而构建解码的搜索空间。而循环神经网络具有强大的序列建模能力，所以连接时序分类损失函数一般与长短时记忆模型结合使用，当然也可和卷积神经网络的模型一起训练。混合声学模型的建模单元一般是三音素的状态，而基于连接时序分类的端到端模型的建模单元是音素甚至可以是字。这种建模单元粒度的变化带来的优点包括两方面：一是增加语音数据的冗余度，提高音素的区分度；二是在不影响识别准确率的情况下加快解码速度。有鉴于此，这种方法颇受工业界青睐，例如谷歌、微软和百度等都将这种模型应用于其语音识别系统中。

基于注意力机制的端到端语音识别方法实现了真正的端到端。传统的语音识别系统中声学模型和语言模型是独立训练的，但是该方法将声学模型、发音词典和语言模型联合为一个模型进行训练。

（六）语音识别专用芯片

专用芯片根据内部控制运算核心的数位划分档次，如4位、8位、16位等。位数越多，运算处理能力越强，性能越好、档次越高。

专用芯片的制作有两种途径：一种是包括底层版图在内的所有工作全部由自己完成。这种方式前期投入较大（600万～1000万元），工期较长，风险也较大。另一种是利用现有的成熟半成品，装上自己研发的相应软件后，形成专用芯片。这种方式前期投入少（前者的十分之一）、可靠性高、工期短、风险也小。但是对半成品厂家的依赖性较强，

必须在对方工厂投产、单价较高。

目前常见的专用芯片开发模式是：首先在PC环境下，尝试、探究新思路和新算法；成熟确定后，转换（翻译）为专用芯片“量身定做”的相应软件部分。前阶段一般在科研院校进行；后阶段则在企业进行。

语音识别的PC级产品和芯片级产品各有特点，应用领域截然不同。如果把前者比作石头，那么后者就像沙粒。

从20世纪六七十年代以来，语音识别的研究人员一直致力于语音识别专用芯片的研究，但是，大多数的语音识别专用芯片识别性能差，不具备实用的要求。直到近十年，随着语音识别算法的深入研究和集成电路技术的发展，才出现了一些具有实用价值和市场前景的语音识别专用芯片。其中，较为成功的两个芯片系列详细介绍如下。

1.Sensory RSC系列

Sensory RSC系列是美国Sensory Integrated Circuit公司生产的集语音综合与识别一体的系列语音芯片，主要有RSC-164、RSC-200/264、RSC-300/364、RSC-4x等。现分别介绍如下。

（1）RSC-200/264

Sensory的RSC-200/264是专门为对成本较为敏感的消费类电子和玩具业设计的。RSC-200/264也是一块8位的微处理器，支持4.0的语音技术；与说话者无关/有关的语音识别、声音合成、语音确认、持续监听、录音和回放。片上集成有麦克风预放大电路、ADC、DAC、ROM、RAM和PWM（Pulse Width Modulation，脉宽可调）的喇叭输出，可实现DTMF拨号、音源的AGC功能、有16个通用I/O端口及省电模式最小的功耗（小于5μA），从而使系统成本大大降低。RSC-200与RSC-264的区别就是少一个64 K的ROM。

（2）RSC-300/364

RSC-300/364在2000年开始生产，是专门为消费类电子产品应用而设计的，它有更快的响应时间、先进和附加的技术（包括数字拨号、固定单词触发以及同时产生数字记录和识别模板）。拥有高度集成和高识别率的系统化芯片。RSC-364结构是以8位MCU为核心的CMOS器件，片上还集成了ROM、RAM、A/D、D/A、前端放大器及功率放大器件，可以算得上是一种片上系统。为了提高运算能力，片上包括了一个24位×24位的乘法器，只要加上很少的外围元件，就可以组成一个语音识别系统。

RSC-300/364使用预先学习好的人工神经网络进行非特定人员语音识别，不需要经过训练就可以识别“Yes”“No”“OK”等简单语句，其数据手册上称其识别率为97%。

RSC-300/364 有额外的 SDAM 和硬件加速器去支持 Sensory 的最新技术（5.0 以上）。这种特别设计的 8 位微处理器在拥有灵活的编程时支持一系列语音技术：与说话者无关或有关的识别、语音和音乐的合成、语音确认、语音提示、持续监听、快速数字拨号、录音和回放。RSC-300/364 允许在片上存储最多 6 个与说话者有关的短句。RSC-300 与 RSC-364 的区别就是少一个 64 K 的 ROM，根据封装和版本的不同，RSC-300/364 的价格在 2.2 ～ 3.9 美元之间。RSC-300/364 可以识别特定人、孤立词命令语句，约 60 条左右，其数据手册上称其识别率为 99% 以上。

RSC-300/364 还具有 5 ～ 15 KB/s 的语音合成，其语音合成由 Sensory 专门设计，音质较好。它还具有改进的 ADPCM（自适应差分脉冲调制）语音编 / 解码功能，用作语音回放。

（3）RSC-4X 系列芯片

RSC-4X 系列芯片是一高集成语音识别及语音合成处理器系列，针对的是消费类、手持类及车载类产品。作为 Sensory 公司的第四代处理器，RSC-4X 系列以在工业上处于领先地位的 RSC-364 为基础，在严格控制系统成本的同时提高了精确度并增加了很多特性，包括语音识别速度的加快，抗噪性能的提高，低数据率语音合成以及更多产品控制特征。

RSC-4X 系列芯片已最优化，以适用 Sensory 语音识别 7.0 技术。7.0 技术是一套具有很多高级性能的软件，如多词汇语音识别、语音与音乐合成、多达 100 人的 SD 语音识别等。7.0 技术充分利用了芯片上新的硬件，包括一个带有双向直接存储器的向量处理器、16 位 A/D 转换器、10 位 D/A 转换器、主晶振锁相环、带自动增益控制的麦克风前置放大器、低电池干扰的PWM扬声器驱动电路、两个独立的计时器加单独的看门狗电路、4 个比较器输入、两种省电模式及 24 个 I/O 口。

RSC-4X 系列芯片同时支持 Sensory 的 SX 语音合成技术，这是一项新的高质量、低数据率的仅 Sensory 才有的 LPC 技术，它使得产品可以将超过 5 min 的压缩语音，各种 SI、SD、SV 词汇，以及所有应用程序都放在一块芯片上。同时，所有技术软件都包含在了芯片价格里，避免了潜在的兼容性及与其他卖主之间的谈判问题。为了加快市场化速度，Sensory 提供了一整套全新的工具，包括内部电路模拟器、C 编译器及低成本开发装置。

RSC-4X 系列芯片包括 RSC-4000、RSC-4128、RSC-4256。RSC-4000 没有片内 ROM，但有地址线和数据线，可以外接存储器，RSC-4128 和 RSC-4256 片内分别有 128 KB 和 256 KB MASK ROM。RSC-4X 系列芯片的价格起点在 100 K 量时低于 2 美元，包含了所有需要的语音技术软件。

2. UniSpeech-SDA80D51

UniSpeech-SDA80D51 是德国 Infineon 公司开始生产的产品，它是一款高性能的语音专用芯片。这样的设计能够满足立体声处理或者消除外界干扰等功能要求，当在汽车上使用时，可以消除发动机和轮胎转动产生的噪声干扰等。

UniSpeech-SDA80D51 的语音处理软件包括：利用 DTW 算法的特定人语音识别，能够识别 100 条语句；利用 HMM 算法的非特定人语音识别，词汇量可以达到 100 条语句；高质量、低码率（2.4 ～ 13　KB/s）的语音编 / 解码，用作语音提示和语音回放；回声消除技术，降低外界的噪声干扰；说话人识别功能等。

三、图像识别技术

图像识别所提出的问题，是研究用计算机代替人们自动地去处理大量的物理信息，解决人类生理器官所不能识别的问题，从而部分代替了人的脑力劳动。图像识别的研究目的在于研制能自动处理某些信息的系统，以代替人去完成图像分类及辨识的任务。这种系统亦称“识别机”。在视觉、听觉和触觉的识别中，视觉图像识别有特别重大的意义。图像实际上是景物在仪器焦平面上的透视投影。人类识别图像的过程总是先找出它们外形或颜色的某些特征进行比较分析、判断，然后加以分门别类，即识别它们。人们在研制自动识别机时也往往借鉴人的思维活动，采用同样的处理方法。然而图像的灰度与色彩是光强和不同波长的光波所引起，它们与景物表面的特性、方向、光线条件以及干扰等多种因素有关。在各种恶劣的工作环境里，图像与景物已有较大的差别。因此要把图像分出它是属于哪一类，往往要经过预处理、分割、特征抽取、分析、分类、识别等一系列过程。现在这些技术完全可通过电子计算机进行模拟，对图像信息进行处理来达到对它的识别。同时，在图像识别中广泛采用的很多概念、名词术语和方法很多就是从人类认识图像的过程中直接移植过来的。近几十年中，由于数理统计学的发展，总结归纳了人们的认识逻辑，也促进了图像识别的发展，使图像识别有了一定的理论基础。现今，图像识别仍广泛采用早在 20 世纪 30 年代费舍尔（Fishel）就提出过的、解决两类事情分类问题判别分析的方法，并且还能把多类图像的分类问题化为若干个两类图像的分类问题。最近几年利用模糊数学进行的模糊集识别法，更是模仿人的认识思维过程。这些就是从人认识事物的过程中得到的启示，并应用于图像识别技术的简单例证。

图像识别广泛应用于机械、冶金、勘探、农业、造林、渔业、天文气象、医务、邮电、交通、公安、财务等部门以及许多工矿企业中。至目前为止，世界各国已经研创了多种多样的自动识别机和有视觉的机器人。利用这些识别机，可以自动地识别小至癌细胞，大至资源勘探的地貌图等各种图像。所以，图像识别的研究是非常有意义的。

（一）图像识别技术概述

1. 图像识别的范围

图像处理与识别技术是一门跨学科的前沿高科技。从 20 世纪 80 年代中期到 20 世纪 90 年代取得了突飞猛进的发展，现已广泛地应用在遥感、文件处理、工业检测、机器人视觉、军事、生物医学、地质、海洋、气象、农业、灾害治理、货物检测、邮政编码、金融、公安、银行、工矿企业、冶金、渔业、机械、交通、电子商务、多媒体网络通信等领域。图像识别亦称模式识别，它是随着计算机的发展而兴起的一门新学科。狭义地讲，模式就是图像。图像有两种类型：一种是直观视觉图像，如照片、图案、文字等；另一种是间接转换图像，如语言、声音、心率、地震波等。

人类传递信息主要有三个渠道：语言、文字和图像。从信息论的角度来看，“图像”所包含的信息量最大，不仅有灰度，还有色彩；不仅有平面，还有立体等，其内容极为广泛。人类所得到的外界信息有 70% 以上是来自眼睛摄取的图像。在许多场合里，没有任何其他形式比图像所传递的信息更丰富和真切。在各种图像中，最重要的是通过人们视觉所摄取的客观世界的灰度、彩色、形状及空间等信息，并经过大脑高度综合加工而形成的各种图像形式，即视觉图像。例如，人看到一个景物，能回答出它是什么，看到一个数字，能说出它是几，这是人对物体的识别。随着计算机科学的发展，现在完全有可能通过计算机控制系统来模拟人的识别能力。这就是当前图像识别的研究范围。

2. 图像的分类

（1）按图像的亮度等级分类

①灰度图像

从黑到白有多种灰度等级的图像。

②二值图像

只有黑和白两种灰度的图像。

（2）按图像的光谱分类

①彩色图像

图像每一个像素有多于 1 个的局部特征。彩色图像每一个像素由 RGB 三原色构成现实中的彩色信息。

②黑白图像

与彩色图像相对，图像中的每一像素点有一个局域特征。

（3）按图像是否时间变换分类

①静止图像

不随时间而变换的图像，如拍摄下存储于计算机中的照片。

②活动图像

随着时间而变换的图像，如视频短片和电视画面。

（4）按图像所占空间和维数分类

①二维图像：平面图像。

②三维图像：空间图像。

3. 图像的数字化过程

如同连续时间信号的数字化过程一样，图像的数字化过程需要经过抽样、量化、编码三个过程。下面以一张玩具鸭子的图片为例，说明图像的数字化过程。

首先，要对图像进行栅格化处理，分成若干小块，这个过程称为抽样过程。栅格化越细，图像的分辨率越高，图像显示处理越清晰。

然后，每块用一个数字来表示，这个过程称为量化过程。如果图像是灰度图像，通常把纯黑色描述为“0”，纯白色描述为“255”，那么，中间可分为256级用以描述中间的过渡色。如果图像是二值图像，那么，纯黑色描述为“0”，纯白色描述为“1”。如果图像为彩色图像，则每一像素会通过三个分量来描述，每一分量常采用256级量化。

图像的编码可分成无损压缩和有损压缩两种类型，常见的编码方法有香农编码、费诺编码、霍夫曼编码、游程编码、算术编码，以及基于小波变换的编码等。实际中，针对不同需求的图像，常采用不同的压缩编码方法。目前数字图像常采用有损的压缩编码方法，比如手机或数码相机拍摄的JPEG图像。

（二）人工智能图像识别数据库

1. 数字化人脑图谱技术

数字化人脑图谱是用某种特定的扫描装置获取的体数据经三维分割处理，并加上解剖标识，再辅以三维可视化技术的结果。在当前的医学图像处理与分析中，构建一个高精度、高速度又易于操作的三维数字化人脑图谱的工作是非常有意义的。当数字化图谱完成以后，医生可以在三维空间对人脑感兴趣的对象进行任意旋转、平移和缩放。而且，人脑的主要组成部分在图谱中都有相应的解剖名词标识，并能在鼠标控制下显示。例如，用MR体数据生成的图谱能够清楚地看到人脑内部复杂的空间关系，在手术计划、模型驱动分割及神经解剖教学方面都有重要的应用。

2. 数字化虚拟人体

人体是一个复杂的系统，是由100多万亿个细胞组成的复杂整体，仅神经系统就约

有1000亿个神经元。目前人类对自身的认识还很有限，很多研究由于缺少精确量化的计算模型而受到限制。随着生物医学工程等边缘学科的发展，计算机模拟在一定程度上取代了传统医学研究所依赖的大量动物和人体实验。医学临床中依赖经验诊断的情况，如中医舌诊，将逐渐被精确的定量描述和数字图像分析所取代。所以，人体的数字化、可视化，将对医学及相关学科的发展起到推动作用。

从20世纪至今，人们从不同角度研究人体信息的数字化。其中美国的可视人计划（Visible Human Project，VHP）、虚拟人计划（Virtual Human Project，VHP I1）、基因组计划（Human Genome Projeet，HCP）、生理模型计划（Human Physiome Projeet，HPP）、数字人（The Digital Human）计划受到国际范围内的关注和参与。这些计划的共同点都是用数字方法对人体进行模拟，统称为人体数字化虚拟。

3. 可视人的应用

可视人数据集出现之后，应用领域日益广泛。在教学中，VHP可以提供虚拟解剖、虚拟内窥镜、影像检查等功能，节约大量的尸体和实验动物。基于图像引导的外科手术与导航使手术的安全性和成功率大大提高。虚拟手术培训为更广大的医学专业师生提供最具真实感的训练机会。

中医药现代化迫在眉睫，必须综合运用现代数学、化学、物理学、信息科学、计算机科学及生命科学相关学科的最新进展提供的新理论、新技术、新方法，以揭示中医药学基础理论的科学内涵，争取中医药基础理论能在源头上有所创新，为中医药现代化与国际化奠定基础。为了促进中医药现代化的发展，进一步加强数字中医药对中医药发展的促进作用，“数字人体－人体系统数字学”是解决中医药现代化的瓶颈，也是中医药现代化的需要。

4. 舌象图像

舌诊是中医四诊中望诊的重要内容，是中医临床诊断的主要依据之一。传统舌诊一般是根据中医医生的主观观察来诊断病情的，这和医生的知识水平、诊断经验密切相关，同一个患者，两个人可能得出大相径庭的结果。舌诊客观化的主要内容之一就是解决舌诊的模糊性和不确定性问题，计算机图像处理技术在这一方面具有独特的优势。近年来，中医舌象的自动分析取得了可喜的进展，对一些重要舌象指标如舌色、苔色、苔厚、裂纹、舌苔的腐腻、舌体的歪斜、舌体胖瘦已实现了自动定量分析，这些指标的分析结果与临床应用达到了80%的符合率。

舌图像的采集是对舌象进行计算机分析识别的图像来源。只有设计实用、规范的采集方法，才能为后期的研究打下良好的基础。

第二节　智能控制

智能控制是一门新兴学科。从控制工程的角度来看，智能控制有其特定的含义，需要有比较确切的定义。

像智能的定义一样，智能控制也可以用不同的观点，做出多种定义。

定性地说，智能控制系统应具有仿人的功能（学习、推理）；能适应不断变化的环境；能处理多种信息以减少不确定性；能以安全和可靠的方式进行规划、产生和执行控制的动作，获取系统总体上最优或次优的性能指标。

相应地，从系统一般行为特性出发，阿不思（Albus）在1986年提出，智能控制是有知识的“行为舵手”，它把知识和反馈结合起来，形成感知－交互式、以目标为导向的控制系统。该系统可以进行规划，产生有效的、有目的的行为，在不确定的环境中，达到既定的目标。

从认知过程看，智能控制是一种计算上有效的过程，它在非完整的指标下，通过最基本的操作，即归纳（G）、集注（FA）和组合搜索（Cs），把表达不完善、不确定的复杂系统引向规定的目标。对人造智能机器而言，往往强调机器信息的加工和处理，强调语言方法、数学方法和多种算法的结合。因此，可以定义智能控制为认知科学的研究成果和多种数学编程的控制技术的结合。它把施加于系统的各种算法和数学与语言方法融为一体。

一、智能控制的技术特点

智能控制的研究重点不在控制对象的数学模型分析，而在于智能控制器模型的建立，包括知识的获取、表示和存储，智能推理方式的设计等。其控制对象和控制性能也与传统控制有很大不同。

（1）无须建立被控对象的数学模型，特别适合非线性对象、时变对象、复杂不确定的控制对象。这些对象正好是传统控制方法难以取得好的自动控制效果的对象。

（2）具有分层递阶的控制组织结构。由于智能控制系统输入信息多，所以模仿了人类智能结构特点，有分层信息处理和决策机构，层次间还有协调。组织结构体现了“智能递增、精度递减”的原理，便于处理大量的信息和存储的知识，并进行推理。

（3）控制效果具有自适应能力、鲁棒性好。智能控制系统不依赖于对象模型，所以根据输入输出变化可以自适应调整控制策略。同时，由于智能的非定量粗略描述性，

智能控制系统更能容忍噪声干扰。

（4）具有学习能力，控制能力可以不断增强。智能控制需要借助已有知识，而知识是可以不断学习丰富的，所以，智能控制系统具有不断学习、改进控制性能的能力。

二、智能控制的几个重要分支

（一）模糊控制

以往的各种传统控制方法均是建立在被控对象精确数学模型的基础上，然而，随着系统复杂程度的提高，将难以建立系统的精确数学模型。在工程实践中，人们发现，一个复杂的控制系统可由一个操作人员凭着丰富的实践经验得到满意的控制效果。这说明，如果通过模拟人脑的思维方法设计控制器，可实现复杂系统的控制，由此产生了模糊控制。

（二）神经网络控制

将神经网络引入控制领域就形成了神经网络控制。神经网络控制是从机理上对人脑生理系统进行简单结构模拟的一种新兴智能控制方法。神经网络具有并行机制、模式识别、记忆和自学习能力的特点，它能充分逼近任意复杂的非线性系统，能够学习与适应不确定系统的动态特性，有很强的鲁棒性和容错性。神经网络控制在控制领域有着广泛的应用。

（三）智能优化算法

随着优化理论的发展，一些新的智能优化算法得到了迅速发展和广泛应用，成为解决控制系统优化问题的新方法，如遗传算法、蚁群算法、粒子群算法、差分进化算法等，这些算法丰富了控制系统的设计。这些优化算法都是通过模拟揭示自然现象和过程来实现的，其优点及其机制独特，为非线性控制系统设计问题提供了切实可行的解决方案。智能优化算法可用于控制系统的优化中，在智能控制领域有广泛的应用。

三、智能控制技术的实现

（一）计算机控制技术

智能控制技术在实际工程控制系统中得以广泛应用，离不开计算机控制技术。智能控制技术实现的核心是计算机的软件算法。

智能控制是以人工智能、控制论为理论基础，并建立了自己的理论体系，但是其技术实现主要靠计算机软件编程来进行智能控制。少量固定算法、追求快速实时的应用中将软件算法采用一些逻辑硬件来实现，但是绝大多数是直接利用计算机编程来实现的。

既能实现复杂的逻辑算法，又可以在控制中进行调整、改进算法或应用于各种控制对象，具有灵活性。智能控制系统的典型结构也是一个计算机控制系统的典型结构。其中，智能控制器部分就是按照智能控制算法编写的计算机软件。

无论是模糊控制系统的模糊化、去模糊化、模糊推理，还是神经网络控制中的神经网络结构设计和网络连接权值的学习或者遗传算法的优化，虽然在理论上有时显得复杂、深奥，使使用者感觉难以掌握，但在进行应用设计时，计算机辅助下的设计实现是比较容易的。各种已相对成熟的智能控制技术，均已有成熟的算法实现，而且可以直接编程调用。可以说，在理解智能控制理论基础上，借助于计算机辅助是很容易实现智能控制系统的设计的，从而在工程实践中应用智能控制技术。

（二）智能控制系统设计

智能控制系统设计离不开计算机辅助。在学习和实验研究阶段，美国 MathWorks 公司的通用技术计算语言软件 MATLAB 就是很好的智能控制技术应用辅助软件和仿真实验平台。在实际工程应用阶段，一般通过高级语言编程来编程实现，各大公司的控制设备系统往往还带有自己的设计平台，但是其控制算法、辅助设计方式、仿真实验与 MATLAB 下的设计与实验本质上原理是一致的。通过 MATLAB 下的设计和仿真实验学习后，很容易过渡到掌握使用专用设计软件或使用高级语言来设计实际智能控制系统。

MATLAB 有模糊逻辑、神经网络、遗传算法等多个专用智能控制技术工具箱，包含了大量的相关函数，使用者可以直接调用，也可以进行二次开发，或者编写增加自己的函数。而且 MATLAB 针对智能控制技术应用设计有图形化用户界面，使用更加方便。

在图形化用户界面中，用户通过简单的参数设置就可以实现模糊控制系统的设计，并图形化显示所设计系统的效果，包括输入输出关系、模糊推理的各规则推理细节等，便于根据设计效果进行修改。

为了有效进行智能控制系统设计和调试，控制系统仿真实验对于系统设计和学习智能控制技术都是很有意义的。MATLAB 带有仿真实验平台 Simulink，可以通过建立被控对象仿真模型和设计的控制器进行仿真实验，可以直接调用 MATLAB 智能工具箱辅助设计的智能控制器，并图形化显示实验结果，也可以方便地进行定量分析。

四、仿人智能控制

智能控制本身就是一种模仿人的思维和意识进行系统控制的一门现代控制技术，它的发展目标就是要通过不断的研究和改进，使得智能水平达到甚至超过人类的意识水平。在计算机科学领域，有可能完全实现人工智能的路径有多种，有一种容易理解的路径就

是：首先模拟人的意识结构，接着模拟人的意识行为。而基于这一思想，即可设计一种仿人智能控制系统。即首先模仿人的控制结构来设计智能控制系统，然后在此基础进一步展开研究探索，使得系统可以进一步模仿人的行为。由此看来，这类仿人智能控制的研究重心并不在于被控对象上，而是在控制器上着手，使之具备与人更接近的智能。

在这里，我们将仿人智能控制的相关概念和定义简要讨论如下。

（一）特征模型

一般地，在研究智能控制系统时，需要用一些有效的模型来描述系统动态特性，特征模型 Φ 就是其中的一种。特征模型 Φ 是一种集定性与定量于一体的模型，它可以按照不同控制问题的不同求解方案，充分考虑不同控制指标的具体要求，有效地划分系统的动态信息空间 Ó。这样一来，所划分出来的每一个子区域都可以准确地与系统的一个特征动态 φ_i 相对应。换句话说，特征模型 Φ 正好是系统所有特征状态 φ_i 的集合，如果用数学表示，则有：

$$\ddot{\text{Ó}} = \{\varphi_1\ \varphi_2\ \cdots\ \varphi_n\} \quad (\varphi_i \in \quad)$$

（二）特征辨识

引入特征模型 Φ 的根本目的在利用其对采样信息进行在线处理、模式识别，这一过程称为特征辨识。事实上，特征辨识的结果就是对系统的当前特征状态做出有效的判断。

（三）特征记忆

仿人智能控制器的控制策略与控制效果主要由特征信息来体现，故而系统必须将这些信息记录下来，而系统记录这些信息的过程就称为特征记忆。另外，仿人智能控制器所记忆的特征信息还能从侧面反映被控对象的某些性质特征以及控制任务的某些要求。一般地，人们将特征信息称为特征记忆量，用 $\ddot{\text{Ð}} = \{\lambda_1\ \lambda_1\ \cdots\ \lambda_p\}(\lambda_i \in \quad)$ 来表示。其中，λ_1 表示误差的第 i 次极值为 e_{m_i}；λ_2 表示控制器前期输出保持值 μ_{H}；λ_3 表示误差的第 i 次过零速度 e_{0_i}；λ_4 表示误差极值之间的时间间隔 t_{e_m}……

特征记忆量的引入可使控制器接收的大量信息得到精炼，消除冗余，有效地利用控制器的存储容量。特征记忆可直接影响控制与校正输出，可作为自校正、自适应和自学习的根据，也可作为系统稳定性监控的依据。

（四）控制模态或决策模态

对于仿人智能控制器，其输入信息、特征记忆量与其输出信息之间存在映射关系，这种映射关系可以是某种定量关系，也可以是某种定性关系，学界称为控制模态，又称

作决策模态。一般地，控制模态常用一个集合来表示，记为：

$$\varnothing =\{\psi_1\ \psi_2\ \cdots\ \psi_l\}$$

如果$\varnothing_i$表示一类定量映射关系，其形式可以大致表示为：

$$\varnothing_i\quad u_i = f_i(\varrho\ e,\lambda_i\ \cdots)\quad (u_i \in U)\ \text{（输出信息集）}$$

如果$\varnothing_j$表示一类定性关系，其形式可以大致表示为：

$$\Psi_j : f_j \rightarrow \text{if (条件) then （操作）}$$

这里需要特别注意的是，人在处理某一控制问题时，其策略往往是灵活多变的。对于不同的对象、同一对象的不同控制要求、同一控制对象的不同状态等，往往会采用不同的控制策略，以最大限度地提高控制效率。对于这种现象，仿人智能控制发展起了多模态控制决策，以期获得更高的仿人效果。

五、学习控制系统

学习是人的基本智能之一，学习是为了获得知识，因此在控制中模拟人类学习的智能行为的所谓学习控制，无疑属于智能控制的范畴。

有关学习控制的概念从 20 世纪 60 年代以来有多种表述，未知环境包括被控动态过程及其干扰等，学习控制律可以是不同的学习控制算法，存储器用于存储控制过程中的控制信息及相关数据，性能指标评估是把学习控制过程中得到的经验用于不断地估计未知过程的特征以便更好地决策控制。

由于实现学习控制算法有多种途径，因此，学习控制系统的组成也会因学习算法的不同，在组成上有不同的结构形式。

（一）学习控制律映射

可把学习控制器的设计定义为求得某个适当函数映射的过程，该映射即控制律为$u=k(y_{\mathrm{m}},y_{\mathrm{d}},t)$；其中，$y_{\mathrm{m}}$为受控对象的被测（实际）输出；$y_{\mathrm{d}}$为受控对象的期望（要求）输出；u 为控制作用，应能够达到一定的性能目标。

例如，从一定的对象操作条件至控制器参数或局部对象模型的映射，对增益调度应用是重要的。

可把学习控制解释为在某控制结构中应用的函数映射的自动综合。当控制系统必须在足够显著的不确定性条件下运行时，就需要学习；这时，要以可得到的推理设计知识来设计一个具有固定不变的满意性能的控制器是不切实际的。学习的一个目标是允许通过减少先验不确定性解决广泛类型的问题，在那里能够在线得到满意解。

对于典型的学习控制应用，期望映射是固定的，并由一个包含受控对象输出和控制

系统输出的目标函数来表示。然后，目标函数把反馈与指定的可调节（目前储存在其存储器内）的映射元素联系起来。基本思想是：能够应用性能反馈来改进由学习系统提供的映射。当这些映射因先验不确定性（如差的模型非线性动力学行为）而无法完全预先确定时，就需要进行学习。

（二）对学习控制的要求

对于许多控制设计问题，可供使用的演绎模型信息是如此有限，以致很难或者不可能设计一个满足规定性能要求的控制系统。在这种情况下，控制系统设计者面临三种选择，即：①降低控制性能要求水平；②预先开发另外的理论或经验模型以减少不确定性；③使所设计的控制系统具有在线自动调节能力以减少不确定性或改善其性能。其中，第③种选择与前两种选择大为不同，因为其设计结果不是固定不变的，具有固有的操作灵活性。

在许多情况下，为了满足控制系统的性能、成本或灵活性等要求，降低控制性能要求水平或预先开发另外的理论或经验模型的方案是无法接受的。这样，设计者只能通过减少不确定性来提高可达到的系统性能水平，而减少不确定性只能通过与实际系统的在线交互作用才能实现。

通过自身改变控制律直接地或借助模型辨识和重新设计控制律间接地实现控制系统的自动在线调节，已由许多研究人员进行了相当长时间的研究。特别对线性系统的自适应控制已获得很好开发，对非线性系统的在线调节技术也已存在，但还未开发好。现有的大多数非线性调节技术主要用于具有已知模型结构和未知参数的非线性系统，学习控制技术通过与实际系统的在线交互作用获得开发经验，已成为增强缺少建模的非线性系统性能的一种工具。

实现学习控制系统需要三种能力：

1. 性能反馈

要进一步改善系统性能，学习系统必须能够定量地估计系统的当前和已往性能水平。

2. 记忆

学习系统必须具备存储所积累的并将在以后应用的知识的方法。

3. 训练

要积累知识，就必须有一种能够把定量的性能信息转化为记忆的机制。

这里所讨论的学习系统的记忆，是由一种能够表示连续族函数的适当的数学框架实现的，而训练或记忆调节过程是设计用于自动调节逼近函数的参数（或结构）以综合要

求的输入输出映射。

研究领域的分解是建立在适当的控制思想上的，而且估计结构的研究是以“黑匣”学习系统的概念为基础的。学习系统的记忆和训练算法可以比较独立地进行开发，以达到所要求的黑匣性能和有效地实现。

许多学习控制和估计结构已被建议用于不同的应用场合。

六、递阶智能控制

递阶智能控制系统可按 IPDI 原理分为几个子系统，并对每个子系统导出计算模块。全部子系统连成树状结构，形成多层递阶模型。

（一）组织级原理与结构

在描述组织级的硬件结构之前，首先定义组织级的功能。这些功能是对组织活动和有序活动的内部操作。下面根据这些功能在组织器内的作用顺序，依次定义如下。

定义 6.1 机器推理（MR）：是编译输入指令 $u_j,(u_j \in U)$ 与相关活动集 A_{jm}、产生式规则以及构成系统推理机的程序的总和。

定义 6.2 机器规划（MP）：是执行预定工作所需要的完备的和兼容的有序活动的形式化表示。机器规划包含对主动非重复本原活动事件进行排序，拒绝非兼容有序活动，在兼容有序的非重复事件信息串中插入重复事件的有效序列，检查全部规划的完整性和组织情况。

定义 6.3 机器决策（MDM）：是在最大的相关成功概率中选择完备的和兼容的有序活动。

定义 6.4 机器学习与反馈（MLF）：是对不同的单一的和派生的值函数进行计算，这些函数与执行需求工作有关，并通过学习算法更新各个概率。在完成所需工作和从低层至高层选择反馈的通信之后，机器反馈功能就被执行了。

定义 6.5 机器记忆交换（MME）：是对组织级的长期存储器进行信息检索、储存和更新。检索是在机器推理和机器规划期间进行的，而储存和更新是在机器决策和需求工作被实际执行之后进行的。

以上定义的五种功能中，前三种功能与自顶向下的局部目标有关，而后两种功能与自底向上的局部目标有关。

组织级所执行的知识（信息）处理任务与长期存储器有关。组织器的结构模型要适应组织级每个功能的迅速又可靠的操作。记忆交换功能是与机器推理、规划和决策等功能有关的。在描述结构单元时，我们假定每个信息串都是可兼容的，因此，为存储全部活动和有序活动所需要的记忆表示为最坏的情况。

（二）协调级原理与结构

协调级由不同的协调器组成，每个协调器由微型计算机来实现。一旦由组织级产生和选择的最好任务序列（完备规划）被送到协调级，就提供了全部必要的细节，成功地执行了所选规划。在有可能达到最小时间性能指标的地方，执行并行任务。该结构在横向上能够通过分配器实现各协调器间的数据共享。不过，这无损于总体树状结构。为了同时执行几项任务，平行处理任务调度器（PPTS）把时间标记指定给每个过程，并使这些操作与并行处理作业协调器（PPJC）同步。

设置PPJC的目的在于控制某些任务的执行流程，这些任务给予各子过程以时间标志，而且可能具有不同的执行装置。时间标志的指定是以任务执行序列及某个任务与下一个任务的关系为基础的。为了检查与确定两个顺序任务是否可被平行执行，PPTS 搜索平行执行表（PET），寻找特别的有序对。如果该表存在这个对，那么这些任务就具有同样的时间标志，表明它们可以被同时执行。

各台专用微型处理器通过其输入 / 输出端与组织级和执行级连接。这些基于微型处理器的系统使用局部 ROM 来存储控制执行装置所需要的程序，并用 RAM 来存储临时信息。

（三）执行级原理与结构

执行级执行由协调级发出的指令。根据具体要求对每个控制问题进行分析。因此，不存在一种通用的结构模型能够包括执行级的每项操作。尽管如此，执行级还是由许多与专门协调器相连接的执行装置组成的。每个执行装置由协调器发出的指令进行访问。可见，协调级模型维持了递阶结构。

对于智能机器人系统，执行级的执行装置包括下列各部分：视觉系统、各种传感器或传感系统以及带有相应抓取装置的操作机等。以运动系统的协调器为例，当发出某个具体运动的指令时，机器人手臂控制器就把直接输入信号加载到各关节驱动器，以便移动手臂至期望的最后位置。

第六章　人工智能技术及应用

第一节　智能机器人技术与应用

一、智能机器人的类别与功能

根据智能机器人的应用环境，国际机器人联盟（International Federation of Robotics，IFR）将机器人分为工业机器人和服务机器人。其中，工业机器人指应用于生产过程与环境的机器人，主要包括人机协作机器人和工业移动机器人；服务机器人则是除工业机器人之外的、用于非制造业并服务于人类的各种先进机器人，主要包括个人/家用服务机器人和公共服务机器人。

现阶段，考虑到我国在应对自然灾害和公共安全事件中，对特种机器人有着相对突出的需求，中国电子学会将智能机器人划分为工业机器人、服务机器人、特种机器人三类。其中，工业机器人指面向工业领域的多关节机械手或多自由度机器人，在工业生产加工过程中通过自动控制来代替人类执行某些单调、频繁和重复的长时间作业，主要包括焊接机器人、搬运机器人、码垛机器人、包装机器人、喷涂机器人、切割机器人和净室机器人。服务机器人指在非结构环境下为人类提供必要服务的多种高技术集成的先进机器人，主要包括家用服务机器人、医疗服务机器人和公共服务机器人，其中，公共服务机器人指在农业、金融、物流、教育等除医学领域外的公共场合为人类提供一般服务的机器人。特种机器人指代替人类从事高危环境和特殊工况的机器人，主要包括军事应用机器人、极限作业机器人和应急救援机器人。

二、智能机器人的基本技术简介

这里所述的智能机器人属于第三代智能机器人，这一阶段的智能机器人自身会带有非常多的传感器，并可以将所获得的信息巧妙融合到一起，同时还能适应各种环境，自身也具备较强的自愈能力与学习能力。第三代智能机器人所涉及的内容与技术是非常丰富的，而技术含量的高低也将直接影响到智能机器人自身的性能。其中所涉及的关键技术主要包括：第一，多传感信息耦合技术。该技术综合了多个传感器的数据之后可以得

到更准确、更全面的信息，而经过融合之后的传感器系统也能更精准地反映出检测对象的信息，从而消除不准确信息。第二，机器人视觉技术。这部分包含有图像处理、图像获取、图像分析与识别、图像跟踪、命令输出与显示等。其中，最关键的工作是图像特征提取与图像识别。第三，导航与定位技术。从自主移动机器人导航来看，不管是躲避障碍还是规划路线，都是需要得到准确位置之后才能完成导航、躲避障碍等任务。第四，路径规划技术。最佳的路径规划就是参考某些优化准则来实现的，即在智能机器人的工作空间中寻找到从开始到目标的一条最佳路线。第五，人机接口技术，这主要是分析如何让人类能更顺利地与机器人进行交流。

（一）传感器技术

如今的智能机器人已具有类似人一样的肢体及感官功能，动作过程灵活，在工作时可不依赖人的操纵，这一切都少不了传感器的功劳。传感器是智能机器人感知外界的重要帮手。它们犹如人类的感知器官，机器人的视觉、触觉、听觉等对外部环境的感知能力都是由传感器提供的。同时，传感器还可用来检测智能机器人自身的工作状态，以及智能化探测外部工作环境和对象状态，并将所测得的信息作为反馈信息送至控制器，形成闭环控制。

1. 视觉（Vision）

机器视觉是使机器人具有视觉感知功能的系统，其通过视觉传感器获取图像进行分析与识别，让机器人能够代替人眼辨识物体、测量和判断、实现定位等功能。业界人士指出，目前在中国简便的智能视觉传感器占了机器视觉系统市场60%左右的市场份额。视觉传感器的优点是探测范围广、获取信息丰富，实际应用中常使用多个视觉传感器或者与其他传感器配合使用，通过一定的算法可以得到物体的形状、距离、速度等诸多信息。

传统的图像传感器可分为电耦合器件（Charge Coupled Device，CCD）和互补金属氧化物半导体（Complementary Metal Oxide Semiconductor，CMOS）两类。随着集成电路工艺的发展，CMOS以其体积小、工作电压低、性能稳定等优点逐渐占据20世纪90年代机械式图像传感器的市场主流。但这种传感器存在如下明显的缺陷，即由于拍摄方式的问题，现有的图像处理需要逐帧处理，造成惊人计算量，而提高帧率则会带来巨大的计算量。这一缺点在拍摄高速运动的物体时尤其明显。而近几年出现的动态视觉传感器（Dynamic Vision Sensors，DVS）则从视网膜的工作原理中得到启发，通过仿视网膜神经系统的列阵结构大幅减少不必要的数据和计算工作量，提高输出速度，保证即使是高速运动的物体也能被清晰拍摄并实时播放。未来，这种动态视觉传感器的应用将能极大改善飞行器机器人的性能，为自主飞行机器人的发展提供新的可能。

2. 触觉（Tactile）

智能机器人在复杂环境下进行工作需要多种传感器相互之间精确的配合才能完成，触觉作为机器人仅次于视觉的一种重要知觉形式已经受到研究人员的极大关注。触觉是人类通过皮肤感知外界环境的一种形式，机器人触觉主要感知机器人与外界环境接触时的温度、湿度、压力和振动等物理量，以及目标物体材质的软硬程度、形状和结构大小等。以人类触觉为原理的触觉传感器的功能已逐渐得到完善，并且已应用到很多领域，尤其在智能机器人的环境感知领域中显得尤为突出。

触觉传感器研究有广义和狭义之分。广义的触觉包括触觉、压觉、力觉、滑觉、冷热觉等。狭义的触觉包括机械手与对象接触面上的力感觉。从功能的角度分类，触觉传感器大致可分为接触觉传感器、力－力矩觉传感器、压觉传感器和滑觉传感器等。

机器人触觉传感器的研究稍晚于机器人的出现，与视觉传感器的进步相比尤显不足。从20世纪70年代开始，机器人研究已经成为研究热点；到80年代，这一技术进入研究、发展的快速增长期，对传感器的设计、原理和制作工艺都进行了大量研究，主攻方向也从传感器本身转向适应工业自动化的需求；90年代至今，触觉传感技术的研究继续保持着快速增长，并开始向多元化发展。进入新世纪，科学家们借鉴仿生学原理，参照人类皮肤对环境的敏锐感知，改进触觉感应器，不断发展其性能，甚至令机器人触觉感应器获得了“电子皮肤”的称号。与人类皮肤不同的是，现在的触觉感应器不仅能够将湿度、温度和力度等感觉用定量的方式表达出来，还可以帮助伤残者获得失去的感知能力。

3. 听觉（Auditory）

机器人的听觉系统是一种自然、方便、有效、智能的机器人与外界系统交互的方式。听觉传感器是一种可以检测、测量并显示声音波形的传感器，广泛地用于日常生活、军事、医疗、工业、领海、航天等领域，中并且成为现代社会发展所不能缺少的部分。对智能机器人来说，其作用相当于一个话筒（麦克风），用来接收声波、显示声音的振动大小和频率。在某些环境下，机器人需要测知声音的音调和响度，区分左右声源甚至需要判断声源的大致方位。有些条件下，机器人需要与人类进行语音交流。因此，听觉传感器的存在能够使智能机器人更好地完成这些任务。

一般来讲机器人听觉（Robot Audition）包括声源信号的定位与分离、自动语音识别和说话识别等。其中，声源信号的定位与分离是解决声源定位和距离测定等在内的声音测量定位问题，自动语音识别和说话识别则包括语音识别和语义识别，语音识别解决的是智能机器人“听得见”的问题，而语义识别解决的是智能机器人“听得懂”的问题。

4. 环境感知——激光雷达（Lidar）

环境感知是智能移动机器人研究的关键技术之一。智能机器人周围的环境信息可以用来导航、避障和执行特定的任务。获取这些信息的传感器既需要足够大的视场来覆盖整个工作区，又需要较高的采集速率以保证在运动环境中能够提供实时的信息。

近年来，激光雷达在移动机器人导航中的应用日益增多。这主要是由于基于激光的距离测量技术具有很多优点，特别是其具有较高的精度，通过二维或三维的扫描激光束或光平面，激光雷达能够以较高的频率提供大量、准确的距离信息。与其他距离传感器相比，激光雷达能够同时考虑精度要求和速度要求，这一点特别适用于智能移动机器人领域。此外，激光雷达不仅可以在有环境光的情况下工作，也可以在黑暗中工作，而且在黑暗中测量效果更好。

扫地机器人是目前激光雷达应用最广泛的领域。激光雷达配合 SLAM（Simultaneous Localization And Mapping）算法，可以让扫地机器人在房间里实现智能清扫，清扫的过程中绘制地图，实时传输到手机 APP，就算用户不在家，也可以通过手机 APP 查看清扫情况，以及安排其他地方清扫。

（二）智能认知与感知

智能认知与感知是智能机器人与人、环境进行交互的基础。目前与服务机器人密切相关的智能认知感知技术包括城市环境下移动机器人对环境的感知与识别以及智能空间等。

未来智能认知与感知主要是在传感器技术发展的基础上，进行大量数据有效分类、归纳，并提取可靠有效信息，凝聚成反映人 - 机 - 环境交互关系的特征数据网，并结合人工智能的发展及高效能计算能力的实现，为机器人的智能化发展提供基础保障。

智能感知，即视觉、听觉、触觉等感知能力，且能够通过各种智能感知能力与自然界进行交互。智能机器人、自动驾驶汽车等，就是通过激光雷达等感知设备和人工智能算法，实现感知智能的。机器在感知世界方面，比人类还有优势。人类都是被动感知的，但是机器可以主动感知，如激光雷达、微波雷达和红外雷达。不管是大狗（Big Dog）这样的感知机器人，还是自动驾驶汽车，因为都是充分利用了深度神经网络（Deep Neural Networks，DNN）和大数据的成果，所以在感知智能方面已越来越接近于人类。智能认知，通俗讲是“能理解会思考”。人类有语言，才有概念，才有推理，所以概念、意识、观念等都是人类认知智能的表现。智能感知主要是基于视觉、听觉及各种传感器的信息处理。智能认知部分则负责更高层的语义处理，如推理、规划、记忆、学习等。两者均是目前智能机器人研究的方向。

（三）规划与决策

路径规划仅仅是智能机器人学中规划与决策（Planning and Decision）技术之下的一个重要分支。它也是移动机器人技术研发的关键技术之一。机器人的路径规划技术，其实是参照某一个参数的指标（如工作代价值最低、选择路径最短、运算时间消耗最短等），在任务区域选择出一条可从起点连接到终点的最优或次优的避障路径。其本质是在几个约束条件下得到最优或可行解的问题。路径规划结果的优劣，将直接地对机器人完成任务的实时性及结果优劣造成影响。

机器人路径规划的研究始于 20 世纪 70 年代，至今各机器人研发大国仍对其进行研究，而且成果同样显著。根据所研究环境的信息特点，路径规划可分为离散域范围路径规划和连续域范围路径规划。根据路径规划算法发现先后，可分为传统算法路径规划和现代智能算法路径规划。根据移动机器人对其工作区域信息的理解层次，将机器人路径规划分为基于部分区域信息理解的路径规划（又称局部路径规划）和基于完整区域信息理解的路径规划（又称全局路径规划）。局部路径规划是在机器人执行任务过程中根据自身携带传感器采集到的局部环境信息进行的实时动态路径规划，具有较高的灵活性和实时性。但由于依靠的是局部环境特征，其获得的路径可能只是局部最优而非全局最优，甚至是目标不可达路径。全局路径规划首先需要根据已知的全局环境信息，建立抽象的全区域环境地图模型，然后在全区域地图模型上使用寻优搜索算法获取全局最优或较优路径，最终引导移动机器人在真实情况下向目标点安全地移动。机器人路径规划主要涉及两部分内容：一是环境信息理解及地图模型构建，二是全局路径搜索及机器人引导。在移动机器人路径规划中，需要融合兼用全局和局部路径规划，前者旨在寻找全局优化路径，后者旨在实时避障。移动机器人的路径规划中最关键部分就是选取算法，一个优秀的算法对路径规划起到至关重要的作用。下面将分别从全局和局部路径规划两方面介绍一些常用算法。

全局路径规划属于静态规划（又称为离线路径规划），一般应用于机器人运行环境中已经对障碍信息完全掌握的情况下。目前用于全局路径规划的常用方法主要有遗传算法、快速随机搜索树算法和蜂群算法等。当然，还有很多与此类算法相类似的启发式算法，例如粒子群算法、可视图法、链接图法、拓扑法等。局部路径规划属于动态规划（又称为在线规划），局部动态路径规划只需要由传感器实时采集环境信息，确定环境地图信息，然后得到当前所在地图的位置及其局部障碍物分布情况，从而可以获取当前节点到某一子目标节点的最优路径。

（四）动力学与控制

机器人动力（Dynamics）学是对机器人结构的力和运动之间关系与平衡进行研究的学科。机器人动力学是复杂的动力学系统，对物体的动态响应取决于机器人动力学模型和算法，主要研究动力学正问题和动力学逆问题两个方面，需要采用严密的系统方法来分析机器人的动力学特性。机器人控制（Control）技术是指使机器人完成各种任务和动作所执行的各种控制手段，包括机器人的智能、任务描述以及运动控制和伺服控制等技术。

在早期的机器人研究中，与机器人的机械结构相比，其控制用计算机的价格高且运算能力有限，故只能采用极简单的控制方案，难以满足高速、高精度机器人的性能要求。自 20 世纪 70 年代以来，随着电子技术与计算机科学的发展，计算机运算能力大大提高而成本不断下降，这就使得人们越来越重视发展各种机器人动力学模型的计算机实时控制方案。因此，在机器人研究中，控制系统的设计已显得越来越重要，成为提高机器人性能的关键技术之一。

智能化控制系统也为提高机器人的学习能力奠定了基础。伯克利大学利用深度学习和强化学习向控制机器人（Berkeley Robot for the Elimination of Tedious Tasks，BRETT）运动的软件提供实时视觉和传感反馈，BRETT 在学习中提升自己在家务劳动中的表现。采用的深度学习策略开启了训练机器人执行越来越复杂的任务的大门。该研究的目的是将从一个任务中所获得的经验推广到另一个任务，能从经验中学习的机器人比传统机器人掌握了更多技能。

（五）人机交互

人机交互（Interaction）是计算机、人类工效学、工程心理学、认知学等多学科交叉的技术，也是智能机器人中的关键技术。人机交互即人与机器人相互作用的研究，其研究目的是开发合适的算法并指导机器人设计，以使人与机器人之间更自然、高效地共处。

人机交互技术经过基本交互、图形式交互、语音式交互和感应式交互（体感交互）四个阶段。基本交互仍然停留在最原始的状态，人与机器的关系仅仅是人工手动输入与机器输出的交互状态，比如早期的按钮式电话、打字机与键盘。图形交互时期是随着电脑的出现而开始的，以显示屏、鼠标问世为标志，在触屏技术成熟期达到巅峰。语音交互最开始是单向的，即语音识别，如科大讯飞的语音识别系统。后来微软的Cortana、小冰，苹果的 Siri 以及 Google 公司的 Google Now 突破了单向交互的壁垒，实现了人机双向语音对话。最后，随着当前机器人的发展越来越强调交互形式的智能化，体感交互将成

为未来交互发展的新方向。体感交互是直接从人的姿势识别来完成人与机器的互动，主要是通过摄像系统模拟建立三维的世界，同时感应出人与设备之间的距离与物体的大小。索尼发明的触控型投影仪已经实现了体感交互。未来，这种交互方式将成为先前各种技术的结合，包括即时动态捕捉、图像识别、语音识别、VR 等技术，最终衍生出多样化的交互形式，而机器人有望在未来成为体感交互的载体。

三、智能机器人的应用

（一）极端环境

机器人可以代替人类在极端环境中工作，如极寒环境、深海环境、核污染地域、极端天气等。如美国 OceanOne 就是一款类人型深海机器人，被称作美人鱼机器人。它拥有人类的视力和人造的大脑，还可以借压力传感器等元件提供力量反馈，能够潜入数百英尺深的海底。

在现有的技术条件下，人类要实现长时间载人太空航行，还是一件比较困难的事情。

如果用机器人来代替人类，长时间太空旅行并登陆其他星球、进行环境探测，将所得数据传回地球，深入研究各天体的地质特性和所处的空间环境，探索行星系统的形成和演化历史，将会大大方便人类探索宇宙的物质分布和起源。

据国外媒体报道，航天局和私人航天公司都正致力于将人类送达更遥远的太空区域。但是近期一系列研究表明，智能机器人可能是未来太空探索的引领者。美国宇航局已经赞成派遣智能机器人探测搜寻宇宙空间，科学家也认为在轨道上的宇航员通过远程监控能够操控机器人系统实现虚拟探索。同时，一些人甚至表示，智能机器人几乎能独立完成太空探测任务。

我国在第 34 次南极科考中，由中国科学院沈阳自动化研究所自主研发的探冰机器人成功执行了“南极埃默里冰架地形勘测”项目地面勘察现场试验任务，这是我国地面机器人首次投入极地考察冰盖探路应用。该探冰机器人是安全有效的冰盖未知区域路线探测装备，将在未来建立中山站至埃默里冰架冰上安全运输路线中发挥重要作用。

（二）医学领域应用

机器人在医疗领域的应用非常广泛，比如智能假肢、外骨骼和辅助设备等技术帮助修复人类受损身体，医疗保健机器人辅助医护人员工作等。关于智能机器人在医疗界中的应用，主要集中在外科手术机器人、康复机器人、护理机器人和服务机器人等方面。

国内医疗智能机器人领域也经历了快速发展，已有大量机器人技术进入了市场应用。

早在 1985 年，研究人员借助 PUMA　560 工业机器人完成了机器人辅助定位的神经外

科活检手术，这是首次将机器人技术运用于医疗外科手术中，标志着医疗机器人发展的开端。之后经过30多年的快速发展，已在看护机器人、康复机器人、手术机器人、仿生假肢和行为辅助机器人等领域得到了广泛的应用。早在1972年就有人提出开发医疗用遥控机器人的设想，但在当时人们普遍认为这是个相对遥远的事情。然而，随着原子能领域、宇宙开发领域的遥控机器人技术的发展以及虚拟现实技术的出现，医疗领域也出现了开发医用机器人的热潮。

目前手术机器人不仅完成了普外科，还有脑神经外科、心脏修复、胆囊摘除、人工关节置换、泌尿科和整形外科等方面的手术。近些年，心脏手术机器人、腔镜手术支援机器人和机器人手术钳的开发已经到了成熟阶段，它们的应用也颇受人们的关注。

康复机器人作为医疗机器人的一个重要分支，它的研究贯穿了康复医学、生物力学、机械学、机械力学、电子学、材料学、计算机科学以及机器人学等诸多领域，已经成为国际机器人领域的一个研究热点。康复机器人是工业机器人和医用机器人的结合。20世纪80年代是康复机器人研究的起步阶段，美国、英国和加拿大在康复机器人方面的研究处于世界领先地位。康复机器人的研究主要集中在生活辅助类康复机器人和功能治疗类康复机器人两方面。

医院服务机器人包括三类：远程医疗机器人、物品运输机器人和药房服务机器人。美国的iRobot公司和InTouch公司合作开发的RP-VITA远程医疗机器人通过了美国食品药品监督管理局认证。RP-VITA远程医疗机器人具有自主导航功能，能根据远程指令自主运动、避障、进出电梯等。到目前为止已有很多商用化的物品运输机器人在医院使用，如Helpmate、Hospi、TUG、Swisslog等，它们的功能基本类似，能实现自主路径规划、避障、充电、物品运输等功能。

随着技术的发展，机器人将向医疗行业的各个领域渗透，将涵盖包括外科手术、医院服务、助残、家庭看护、康复甚至问诊等的所有层面，开创临床医学的新天地。如各种类型的手术机器人、机器人手术专用工具、医院服务自主车辆系统、虚拟培训系统、智能轮椅、智能康复设备等。另外，随着微型机电技术（Micro-Electro-Mechanical System，MEMS）的不断深入发展，微小型机器人的发展也具有很好的应用前景，它可以直接进入人体器官内部进行手术和其他工作，如完成组织取样、疏通血管、检测、药物放置、细胞捕捉等工作。此外，纳米级的机器人和生物机器人也将成为现实，在生物科技上发挥重要的作用。

（三）物流运输应用

伴随“即时生产”降低库存的发展趋势，低成本、高灵活性的物流系统日益成为供

应链管理中的重要组成部分，例如著名的亚马逊 Kiva 仓储机器人系统与 FedEx 及 UPS 的自动化配送中心。然而，它们只能在量身定制的固定仓库中使用。若想让机器人发挥更大作用，就必须赋予机器人更高的机动性，能够应对楼梯、电梯、房门、不平坦的地面和杂乱环境等人类生活的常见场景。随着研究的进展，高机动性机器人也正在逐步成为现实，它们将使整个物流系统变得更加快速、灵活、廉价、可控、稳定。

不少公司已经将目光投向物流市场，包括生产酒店运输机器人的 Savyoke，为医院制作运输机器人的 Aethon 和 Vecna，生产超市仓储机器人的 Bossa Nova，着眼于无人机快递的 Amazon Prime Air 和 Google Project Wing，提供最后一公里物流快递的 Starship Technologies 和生产仓储机器人的 Fetch 等。物流机器人市场的指数增长使得该领域成为未来 15 年最大的投资热门行业。

（四）家居服务应用

家居服务机器人是为人类服务的特种机器人，能够代替人完成家庭服务工作。它包括行进装置、感知装置、接收装置、发送装置、控制装置、执行装置、存储装置、交互装置等。感知装置将在家庭居住环境内感知到的信息传送给控制装置，控制装置指令执行装置做出响应，并进行防盗监测、安全检查、清洁卫生、物品搬运、家电控制、家庭娱乐、病况监视、儿童教育、报时催醒及家用统计等工作。

家居服务机器人 ASIMO 是一款类人程度非常高的人形机器人，由日本本田公司研发。ASIMO 不仅可以和人手拉手走路，还可以进行日常的物品搬运，自主地进行接待、向导及递送等工作。在家居服务机器人中最常用之一是扫地机器人，它可以有效减少人们的家务劳动，使人们有时间去从事更有意义的工作和休闲。

第二节　脑机接口技术及其应用

一、脑机接口技术的基本概念

脑机接口（Brain Computer Interface，BCI）是近年出现的涉及众多学科、知识领域的人机接口方式，20 世纪 90 年代提出了脑机接口的概念。脑机接口是在人的大脑和外部设备之间建立的传递信息的通路，是目前人工智能最前沿的研究领域。它主要研究人（或者动物）的大脑与外部设备建立直接的连接通路以实时翻译意识，最终做到人类与人类之间、人类与机器之间自由传输思想、下载思维。脑机接口通过采集与提取大脑产生的脑电信号来识别人的思维活动，据此生成控制信号来完成人的大脑与外部设备进行信息传递与控制的目的。一个标准的脑机接口系统可以准确、快速地采集、识别出

人脑在各种思维活动下的脑电信号。

根据脑机接口的应用种类不同，脑机接口的系统构成有所不同，但总体上一个标准的脑机接口系统一般由以下几个部分组成，即信号采集、信号预处理、特征提取、分类和外部设备等。

脑机接口更科学规范的定义是：在人脑或动物脑（或者脑细胞的培养物）与计算机或其他电子设备之间建立的不依赖于常规大脑信息输出通路（外周神经和肌肉组织）的一种全新通信和控制技术。在该定义中，“脑”意指有机生命形式的脑或神经系统，而并非仅仅是“Mind（抽象的心智）”。“机”意指任何处理或计算的设备，其形式可以从简单电路到硅芯片再到外部设备和轮椅。“接口”意为用于信息交换的中介物。“脑机接口”的定义为“脑”+“机”+“接口”，即在人脑或动物脑（或者脑细胞的培养物）与外部设备间创建的用于信息交换的连接通路，使得大脑在不依赖外周神经和肌肉组织的情况下与外界进行交流。其目的一方面是脑控，将大脑活动转换成指令，通过大脑信号的解析操作机器；另一方面是控脑，可以通过对大脑进行刺激从而提供感觉反馈或者对神经和功能进行修复，如刺激大脑帮助患者康复，或者为失明老鼠的大脑“传入视觉”使其能够走出迷宫。

简单来说，脑机接口技术就是实现用意念控制机器的技术。它意味着，人与机器的主要交互方式，除了手工输入以及近几年兴起的人工智能语音交互之外，还可以直接通过大脑向机器发出指令。之前的人机交互都需要外周神经和肌肉组织参加，比如敲键盘需要用手指，语音交互需要用嘴部肌肉，而脑机接口技术则不依赖肌肉组织，它是靠直接提取大脑神经信号来控制外部设备。

（一）非侵入式

非侵入式指无需通过手术侵入大脑，只需通过附着在头皮上的穿戴设备来对大脑信息进行记录和解读。这种技术虽然避免了昂贵和危险的手术，但是由于颅骨对于大脑信号的衰减作用，以及对于神经元发出的电磁波的分散和模糊效应，使得记录到的信号强度和分辨率并不高，很难确定发出信号的脑区或者相关单个神经元的放电。

（二）侵入式

侵入式指通过手术等方式直接将电极植入到大脑皮层，这样可以获得高质量的神经信号，但是却存在着较高的安全风险和高额的手术成本。另外，由于异物侵入，可能会引发免疫反应和愈伤组织（疤痕组织），导致电极信号质量衰退甚至是消失。另外，伤口也易出现难以愈合及炎症反应。

（三）半侵入式

半侵入式指将脑机接口植入到颅腔之内，但是在大脑皮层之外。半侵入式主要基于大脑皮层脑电图（Electro Encephalo Gram，EEG）进行信息分析。虽然其获得的信号强度及分辨率弱于侵入式，但是却优于非侵入式，同时可以进一步降低免疫反应和愈伤组织的恶化概率。

“2018 年世界机器人大赛——BCI 脑控类”赛事所使用的脑机接口技术就属于非侵入式。选手们使用的设备叫作“脑电帽”，这种帽子呈网状结构，帽子上布满采集脑电波信号的电极。比赛之前，选手们会戴好脑电帽，为了保证脑电帽能更好地采集到脑电波信号，工作人员会拿着类似注射器的装置，向脑电电极内注入导电胶。在世界范围内，脑机接口技术正取得引人注目的进展，它实现了大脑与机器之间的初步交互。法国科学院院士、法国国家科学研究院与日本产业技术综合研究所机器人联合实验室主任阿卜杜勒·拉赫曼·切达（Abdul Rahman Cheda）介绍，通过训练大脑神经的反馈，可以借助脑机接口设备完成诸如让鼠标向左或向右移动的任务。其过程是让人的大脑去想象鼠标往左或往右移动，脑机接口设备在捕捉到大脑信号后，机器会依据指令产生反馈。在经过几个月的训练之后，体验者可以实现用意念来顺畅地控制机器臂递送饮料。阿卜杜勒·拉赫曼说：在训练的过程中，大脑会产生一些特定的信号模式，机器人会理解这种信号。脑机接口技术现在正经历从实验室演示到实际应用的转换阶段。比如现在已经可以实现用脑机接口技术开汽车，只不过开得比较慢而已。脑机接口最有前景的应用领域是通过心念操作机器，让机器代替人类身体的一些机能，修复残障人士的生理缺陷。

二、脑机接口技术概述

（一）传感器技术

马斯克旗下的 Neuralink 公司，开发出一套脑机接口系统，利用一台神经手术机器人向大脑内植入 4 微米～ 6 微米粗细的线，就可以直接通过 USB-C 接口读取大脑信号，甚至可以通过手机进行控制。当天，埃隆·里夫·马斯克（Elon Reeve Musk）在视频网站 Youtube 上进行了直播演示，并称“猴子已经能用大脑控制电脑了。”马斯克说，这种芯片将有助于“保护和增强你的大脑”，并“最终与人工智能实现一种共生”。整个脑机接口方法，核心一共有三部分。

一是为脑机接口系统特制的、由微小电极或传感器连接的柔性电线（Thread）。据称，这种电线宽度仅为 4 微米～ 6 微米，对大脑损害小且能传输更多数据。Neuralink 脑机接口系统共有 3072 个电极，分布在大约 100 根柔性电线上，每根电线都由一个定制的、

类似缝纫机的外科机器人单独插入老鼠的大脑中。由于手术时插入大脑中的线路只有四分之一头发丝直径，所以大脑不会出现炎症和损伤。

二是“缝线的机器”，这是一个神经外科机器人，每分钟能够植入 6 根线。为了把如此细微的电线精准地植入大脑，Neuralink 研制了一款配套的神经外科机器人系统。整个过程，特别像缝纫机。我们可以把它想象成一个“缝纫机”，在高端光学设备的帮助下，“观察”头骨上人为制造的 4 个直径为 8 毫米的微小孔洞，把电线“精准”植入大脑。

三是 Neuralink 开发了一种定制芯片，可以通过 USB-C 的有线连接方式传输数据，以便更好地读取、清理和放大来自大脑的信号。Neuralink 在老鼠身上的实验显示，它提供的电流大约是目前最好的传感器的 10 倍。目前研究人员用小鼠进行的实验，只能通过有线连接的方式传输数据。但 Neuralink 表示，他们最终的目标是加入无线系统，现在它已经被集成到“N1 传感器”中，芯片尺寸比手指尖还小向。

Neuralink 公司表示，这款脑机接口系统可以用来诊疗癫痫、抑郁症等一系列神经系统疾病。但是，这种设计路径对于解决特定神经系统疾病的必要性还有待探讨，然而对于最终破解大脑神经机制却是必要的。不过该方案的好处是，可以把各种相关技术进行很好的集成，快速推进大脑神经机制的破解间。

目前脑机接口技术最大的问题是缺乏安全、精准而又可靠地接收脑信号的传感技术。一些学者认为这个问题有望在今后 20 年内得到解决。BCI 系统结构图包括传感器系统和信号处理系统。其中，传感器系统从受试者头皮表面采集微弱的脑电信号，经过信号放大、带通滤波、A/D 转换后，发送给信号处理系统处理。

传感器系统采用 Ag/AgCl 电极获取脑电信号，脑电信号采集电路对其滤除干扰信号、程控放大、消除电平漂移、带通滤波、A/D 转换，然后发送给信号处理系统。采集电路采用 C8051F410 内部的 12 位 ADC（Analog-to-Digital Converter）采样，由于该 ADC 分辨率不高而脑电信号的幅度在微伏量级，且脑电信号中含有很强的干扰，无法直接转换为数字信号，因此，必须对其进行放大和去干扰。对脑电信号进行采样，放大倍数需设定在 1000 ～ 32000 倍，通过两级或两级以上的电路来完成，以保证信号的线性放大。由于采用多级放大电路，脑电信号的前置级电路的性能直接影响到整个系统的特性，尤其是信噪比。

（二）脑意念与控制技术

研究人员表示，这一效果接近于过去需要在脑部植入传感器的有创脑机接口。参与者使用神经活动直接控制一个机械臂，如一名妇女控制着一个机器人手臂，想着移动她

的手臂和手，把一瓶咖啡递到自己嘴里喝一口。

当人类思考时，大脑运动皮层中的神经元会产生微小的电流，不同的思考活动，激活的神经元也不同——这就是脑机接口技术所依靠的原理。因此，科学家通过传感器收集电流，再使用信号处理和机器学习等技术，就可以将使用者头脑中的意念，转化为机器臂的实际运动。在此次实验中，该研究团队提出一种基于连续追踪模式的训练框架，并通过源成像技术，提高对想象运动连续追踪的解码精度，实现了一种效果良好的无创脑机接口系统。当使用这一系统时，人们只需佩戴一顶可测量脑电波的帽子，并在脑海中想象自己移动手臂，而无需实际运作手臂，就可以让与系统相连的机器臂随意念而动，并让机器臂追逐屏幕上的光标。这种无创脑机接口的效果，已经接近过去一些需要在脑部植入传感器的有创脑机接口的效果。

下一步，研究团队计划继续发展这种无创脑机接口技术，以期在不久的将来可以实现对人体假肢更加准确和连续的控制，从而让那些因中风、受伤等原因而丧失运动能力的人得到帮助。此外，美国国防部下属高级研究计划局（DARPA）正在向科学家提供资助，支持他们利用基因编辑、纳米技术和红外光束等技术以及工具，研制出更高效的、非侵入的脑机接口设备。士兵可以佩戴这些设备，将他们的大脑信号转化为指令，让其可用思维控制武器。另外，用意念将无人机集群送入空中；或者将图像从一个大脑发送到另一个大脑等。这一新技术可控制无人机、监控安全网络和通信，而且设备可能采用头盔（读取用户大脑信号）的形式。

三、人机交互

（一）人机交互系统

人机交互（Human-Computer Interaction，HCI）是关于设计、评价和实现供人们使用的交互式计算机系统，且围绕这些方面主要问题进行研究的科学。狭义的讲，人机交互技术主要是研究人与计算机之间的信息交换，它主要包括人与计算机、计算机与人的信息交换两部分内容。对于前者，人们可以借助键盘、鼠标、操纵杆、数据服装、眼动跟踪器、位置跟踪器、数据手套、压力笔等设备，用手、脚、声音、姿势或身体动作、眼睛甚至脑电波等向计算机传递信息；对于后者，计算机通过打印机、绘图仪、显示器、头盔式显示器（Head Mount Display，HMD）、音箱等输出或显示设备给人提供信息。

在美国 21 世纪信息技术计划中，将软件、人机交互、网络、高性能计算列为基础研究内容。美国国防关键技术计划也把人机交互列为软件技术发展的重要内容。我国“973”计划项目“虚拟现实的基础理论、算法及其实现”中，将虚拟环境的真实感知

与自然交互理论、方法作为信息技术中需要解决的关键科学问题。

（二）人机交互系统的发展历史

作为计算机系统的一个重要组成部分，人机交互一直伴随着计算机的发展而发展。人机交互的发展过程，也是人适应计算机到计算机不断适应人的发展过程。它经历了下面几个阶段。

1. 语言命令交互阶段

计算机语言经历了最初的机器语言，然后是汇编语言，直至高级语言的发展过程。这个过程也可以看作早期的人机交互的一个发展过程。早期的人机交互是通过命令语言进行的，人机之间通过语言中的输入、输出功能完成交互。最初，人机交互的方式是采用手工操作输入机器语言指令（二进制机器代码）来控制计算机。这种形式很不符合人的习惯，既耗费时间，又容易出错，只有非常专业的专家才能做到。后来，出现了Fortran、Pascal、Cobol、C++等语言，使人们可以用比较习惯的符号形式描述计算过程，交互操作由受过一定训练的程序员即可完成。这一时期，程序员可采用批处理作业语言或交互命令语言的方式和计算机打交道。虽然要记忆许多命令和熟练地敲键盘，但已可用较方便的手段来调试程序、了解计算机的执行情况。

2. 图形用户界面（GUI）交互阶段

图形用户界面（Graphical User Interface，GUI）的出现，使人机交互方式发生了巨大变化。GUI 的主要特点是桌面隐喻、WIMP（Windows Icon Menu Pointing）技术、直接操纵和所见即所得(What You See Is What You Get,WYSIWYG)。由于GUI简单易学，减少了键盘操作，因而使不懂计算机的普通用户也可以熟练地使用，开拓了用户人群，使计算机技术得到了广泛普及。GUI 技术的起源可以追溯到 20 世纪 60 年代美国麻省理工学院的Sutherland（计算机图形学的奠基人）的工作。其发明的Sketchpad首次引入了菜单、不可重叠的瓦片式窗口、图标，并采用光笔进行绘图操作。

3. 自然和谐的人机交互阶段

当前，虚拟现实、移动计算、普适计算等技术的飞速发展，对人机交互技术提出了新的挑战和更高的要求，同时也提供了许多新的机遇。自然和谐的人机交互方式得到了一定的发展。基于语音、手写体、姿势、视线跟踪、表情等输入手段的多通道交互是其主要特点，其目的是使人能以声音、动作、表情等自然方式进行交互操作。

（三）人机交互系统的发展趋势

在未来的计算机系统中，将更加强调“以人为本”“自然”“和谐”的交互方式，

以实现人机高效合作。概括地讲，新一代的人机交互技术的发展将主要围绕以下几个方面：

1. 集成化

人机交互将呈现出多样化、多通道交互的特点。桌面和非桌面界面，可见和不可见界面，二维与三维输入，直接与间接操纵，语音、手势、表情、眼动、唇动、头动、肢体姿势、触觉、嗅觉、味觉以及键盘、鼠标等交互手段将集成在一起，这是新一代自然、高效的交互技术的一个发展方向。

2. 网络化

无线互联网、移动通信网的快速发展，对人机交互技术提出了更高的要求。新一代的人机交互技术需要考虑在不同设备、不同网络、不同平台之间的无缝过渡和扩展，支持人们通过跨地域的网络（有线与无线、电信网与互联网等）在世界上任何地方用多种简单的自然方式进行人机交互，而且包括支持多个用户之间以协作的方式进行交互。另外，网络技术的发展也为人机交互技术的发展提供了很好的机遇。

3. 智能化

用户使用键盘和鼠标等设备进行的交互输入都是精确的输入，但人们的动作或思想等往往并不很精确，人类语言本身也具有高度模糊性，人们在生活中常常习惯于使用大量的非精确的信息交流。因此，在人机交互中，使计算机更好地自动捕捉人的姿态、手势、语音和上下文等信息，了解人的意图，并做出合适的反馈或动作，提高交互活动的自然性和高效性，使人、机之间的交互像人、人交互一样自然、方便，是计算机科学家正在积极探索的新时代交互技术的一个重要内容。

4. 标准化

在人机交互领域，ISO 已正式发布了许多国际标准，以指导产品设计、测试和可用性评估等。但人机交互标准的设定是一项长期而艰巨的任务，并随着社会需求的变化而不断变化。

四、互联网大脑

（一）互联网大脑系统

互联网大脑就是互联网在向与人类大脑高度相似的方向进化过程中形成的类脑巨系统架构。互联网大脑具备不断成熟的类脑视觉、听觉、躯体感觉、运动神经系统、记忆神经系统、中枢神经系统、自主神经系统。互联网大脑通过类脑神经元网络（大社交网

络）将社会各要素（包括但不仅限于人、AI 系统、生产资料、生产工具）和自然各要素（包括但不仅限于河流、山脉、动物、植物、太空）连接起来，从而实现人与人、人与物、物与物的交互。互联网大脑在云群体智慧和云机器智能的驱动下通过云反射弧实现对世界的认知、判断、决策、反馈和改造。

在互联网产业领域诸多新现象的启示下，互联网大脑模型被提出，其含义是互联网通过 50 年的进化，从网状结构发展成为类脑模型。因为互联网涉及的设备元素众多，覆盖的范围非常庞大，所以互联网的这个类脑模型被称为互联网大脑。这里的“大脑”主要是指非常庞大或巨大的类脑结构。它是包含了神经元网络、中枢神经、感觉神经、运动神经、神经纤维、神经末梢和神经反射弧在内较为完整的神经系统体系概念，并不等同于神经学的大脑概念。

（二）互联网大脑发展简史与趋势

古希腊时代，历史上很多人独立揭示了社会可以看作为带有神经系统有机体的概念。例如认为国王是头，农夫是脚的观点，至少可以追溯到古希腊。1964 年，传媒领域的著名开拓者马歇尔·麦克卢汉（Marshall McLuhan）在 1964 年出版的《理解媒介》一书中提到在过去数千年的机械技术时代，人类实现了身体在空间中延伸。在一个多世纪的电子技术时代，人类已在全球范围延伸了自己的中枢神经系统并进一步在全球范围扩展。

1969 年，在美国国防部研究计划署制定的协议下，加利福尼亚大学洛杉矶分校、斯坦福大学研究学院、UCSB（加利福尼亚大学）和犹他州大学的四台主要的计算机连接起来了。1969 年 12 月开始联机，互联网由此正式诞生。1983 年，英国哲学家彼得·罗素（P. Russell）撰写了《地球脑的觉醒——进化的下一次飞跃》，他提出人类社会通过政治、文化、技术等各种联系使地球成为一个类人脑的组织结构，也就是地球脑或全球脑。

2004 年，Web2.0 概念、博客和著名的社交平台 QQ、Facebook 开始兴起，这一阶段互联网用户个体角色和相互交互关系在互联网中展现，也为2007年发现互联网大脑模型，同时也为互联网大脑的神经元网络奠定了基础。

2016 年 3 月进行的围棋人机大战中，谷歌阿尔法狗（AlphaGo）以 4 ∶ 1 战胜了韩国世界冠军李世石九段，以深度学习、强化学习、神经网络算法为代表的人工智能热潮在世界范围点燃。人工智能的爆发为互联网大脑各神经系统的功能增强和激活奠定了基础。

2016年9月1日，百度世界大会首次向外界全面展示百度人工智能成果“百度大脑”。“百度大脑”基于超大规模的神经网络，拥有万亿级的参数、千亿样本、千亿特征训练，能模拟人脑的工作机制，应用领域包括语音、图像、自然语言处理和用户画像、自动驾

驶等领域。

2016 年 10 月，阿里巴巴提出“城市大脑”，并开始实施杭州城市数字大脑项目。总体看，阿里和杭州的“城市大脑”项目是依托阿里 AI 云系统进行的智慧城市建设项目，对于 2015 年科学院相关机构论文中提出的“城市大脑”建设的两个核心：类脑神经网络和云反射弧架构，还没有涉及。

2017 年 12 月，华为提出了“城市神经系统”，并提出城市运转也应当有一套神经系统，通过数据的自动采集、自动传输、智能化计算，实现从数据感知到数据分析与处理的完整闭环，使城市达到一个自管理、自运行和自优化的境界。

2018 年 1 月初，前百度研究院院长林元庆成立 Aibee（爱笔智能），建设行业综合大脑，旨在用多项 AI 技术，如深度识别、人脸识别、语音交互、多轮交互、大数据分析、三维空间重建等，帮助传统行业提升整体效率。

2018 年 1 月 30 日，上海在加强城市管理精细化三年行动计划中提到，上海将加强“城市大脑”建设，打造感知敏捷、互联互通、实时共享的“神经元”系统；深化智慧治理，以城市网格化综合管理信息平台为基础，构建城市综合管理信息平台，推进“城市大脑”建设。上海是世界第一个用类脑神经元网络规划“城市大脑”的城市。

2018 年 5 月 16 日，在第二届世界智能大会上，360 集团董事长兼 CEO 周鸿祎出席了大会并发表了演讲《建立“安全大脑”保卫智能时代》，首次提出了“安全大脑”的全新概念。他表示，“安全大脑”是一个分布式智能系统，综合利用大数据、人工智能、云计算、物联网（Internet of Things，IoT）智能感知、区块链等新技术，保护国家、国防、关键基础设施、社会及个人的网络安全。

2018 年 5 月 16 日，世界智能大会上，浪潮发布浪潮 EA 企业大脑。浪潮 EA 企业大脑意为 Enterprise Agent，即“企业智能体”，通过实时持续处理海量异构数据，辅助智能决策，驱动流程自动化和业务优化升级，实现企业的个性化、精细化的生产和服务。

2018 年 5 月 23 日，2018 腾讯“云 + 未来”峰会上，马化腾发表演讲《智慧连接：云时代的创新与探索》，表示腾讯希望在云时代通过“连接”，促成“三张网”的构建。腾讯的“三张网”包括“人联网”“物联网”和“智联网”。其中，“智联网”，腾讯称之为“超级大脑”，作为一套开放、共建的技术输出体系，定位为数字世界“智能操作系统”，一方面智能化云、边、端并将其连接为一个整体，另一方面将包括 AI、大数据在内的各项技术能力输出到各行各业。腾讯董事会主席兼首席执行官马化腾表示，“超级大脑”是一个让人工智能无处不在的智能操作系统，AI 能力将依托“超级大脑”随时随地被灵活调用。而腾讯推出“超级大脑”的初衷正是希望助力企业和政府建立自己的“超

级大脑”。

到2018年，在过去近20年互联网大脑各神经系统发育逐步成熟的情况下，以互联网类脑巨系统为代表的科技浪潮给国家、城市、社会的全面智能化奠定了基础，华为、阿里、浪潮、360、腾讯、上海、南京等都提出了关于类脑巨系统的构想与规划。

2020年之后，以人类群体智慧和互联网人工智能为代表的两大智能方式在智慧社会的发展中不断融合和互补，形成互联网类脑巨系统的左右大脑架构，驱动智慧社会不断向前进化。

科学院研究团队在“互联网大脑”的研究中提出，互联网的未来与人类社会的未来将紧密地连接在一起，随着时间的推移，它的范围将不仅仅局限在地球，也会继续向太阳系、银河系蔓延，并在无穷的时间点实现互联网、大脑和宇宙的三者合一，最终形成宇宙大脑或智慧宇宙。从这个角度说，互联网大脑未来的范围将远大于英国哲学家彼得·罗素（Peter Russell）提出的地球脑或全球脑。

五、脑机接口技术的应用领域与市场前景

脑机接口目前最热门的应用是在医疗领域、军用领域和民用领域。医疗领域的应用主要有康复辅助治疗、植物人意识检测、残疾人假肢控制等；军用领域的应用主要是国家机密的保护、协同决策等；民用领域的应用主要有提高使用者的睡眠质量和使用脑机接口驾驶汽车。

（一）脑机接口技术在医疗健康领域的应用

医疗方向主要分为两个方向，分别是“强化”和“恢复”。这两个方向都有着极其广阔的应用前景，尤其是强化方向。现阶段以恢复类为主，因为更易实现。“强化”方向主要是指将芯片植入大脑，以增强记忆、推动人脑和计算设备的直接连接。这就是所谓的“人类增强”（Human Intelligence，HI）。浅层次的研究是脑机单向，更深一层次的研究将是机脑双向。

BCI技术可以帮助患者和用户实现如下功能：

1. 与周围环境进行交流

BCI机器人可以帮助残疾人使用电脑、拨打电话等。

2. 控制周围环境

BCI机器人可以帮助残疾人或老年人控制轮椅、家庭电器开关等

3. 运动康复

BCI康复机器人可以帮助残疾人或失去运动能力的老年人进行主动康复训练，BCI

护理机器人可以从事基本护理工作，提高残疾人或老年人的生活质量。

4. 重获肢体能力

基于 BCI 机器人的义肢可成功帮助肢体残疾的残障人士重新获得肢体控制的能力。

5. 重获缺失的感知能力

除了通过思维控制一些设备之外，未来甚至有望帮助部分丧失感知能力的人群再次获得感知能力，比如视觉、听觉和触觉等。此外，还可以将非人类感知能力转变为人类感知能力，这其实是非常逆天的。比如对于超声波的感知能力（就像从蝙蝠身上获取这个能力一样），再比如感知磁场等，就像拥有了超能力。“强化”方向少的原因：第一是因为实现技术难度过高；第二是因为市场还未充分发育，思维范式在短期内难以改变，付费意愿因技术能力不足而未达到临界值，但军用领域实际上已经有了不少的应用，军方也投入了大量资金。最后，值得一提的是“保健方向”，也就是冥想减压，有创业公司推出脑波检测头环，帮助用户通过实时音频反馈来提升冥想效果。在北美，冥想的市场是非常大的，这绝对是一个可以挖掘的细分市场。

（二）脑机接口技术在娱乐领域的应用

在娱乐方面，BCI 技术的前景也是非常广阔的，比如可以与虚拟现实技术结合，无需额外的外设操控设备，可以直接通过思维来控制游戏中的角色，获得更加沉浸式的游戏体验。

（三）脑机接口技术在教育领域的应用

教育方向其实和医疗方向中的“恢复”方向很类似。教育科技是个千亿级的市场，脑机接口创业公司在从事这方面的研究，主要是对学生注意力值的实时探测和训练，既可以帮助老师及时了解课堂情况，改变教学手段，也能够帮助学生提高注意力。

（四）脑机接口技术在智能家居领域的应用

智能家居是脑机接口与物联网跨领域结合的一大想象空间。在这一领域，脑机接口扮演的角色类似于“遥控器”，帮助人们用意念控制开关灯、开关门、开关窗帘等，进一步可以控制家庭服务机器人。

（五）脑机接口技术在军事领域的应用

在军事方面，BCI 技术可以帮助军人更好地操控无人机、无人车、机器人等设备，代替军人或者特殊职业的人士从事各种危险的任务，以及在不适宜人工操作的环境中工作；也可以帮助军人获得能力上的增强，比如通过 BCI 控制外骨骼机器人提升单兵作战能力。

根据第三方研究机构的测算，单纯从脑机接口设备（EEG/EMG）的维度来看，市场规模在5年内将达到25亿美元左右。如果从脑机接口将深度影响的数个科技领域来看，市场规模在5年内将达到数千亿美元，其中包括：ADHD脑机接口反馈治疗460亿美元，大脑检测系统120亿美元，教育科技2500亿美元，游戏产业1200亿美元。总结来说，脑机接口作为一种全新的控制和交流方式，还可以应用到更广阔的脑机融合领域，就是所谓的硅基生物和碳基生物的融合，打造超强人类，让人脑的能力进一步自然延伸。

脑机接口的发展对脑电的机理、脑认知、脑康复、信号处理、模式识别、芯片技术、计算技术等各个领域都提出了新的要求和挑战，人们也会大大加深对大脑的结构和功能的认识。随着技术的不断完善和多学科融合的努力，脑机接口必将逐步得到广泛应用，造福人类

六、脑机接口技术展望

（一）脑机接口技术未来展望

主流的消费级脑机接口研究主要运用非侵入式的脑电技术，因为侵入式技术虽然容易获得分辨率更高的信号，但风险和成本依然很高。不过，随着人才、资本的大量涌入，非侵入式脑电技术势必将往小型化、便携化、可穿戴化及简单易用化方向发展。而对于侵入式脑机接口技术，在未来如果能解决人体排异反应及颅骨向外传输信息会减损这两大问题，再加上对于大脑神经元研究的深入，将有望实现对人的思维意识的实时准确识别。这一方面将有助于电脑更加了解人类大脑活动特征，以指导电脑更好地模仿人脑，另一方面可以让电脑更好地与人协同工作。

总的来说，目前的脑机接口技术还是只能实现一些并不复杂的对于脑电信号的读取和转换，从而实现对于计算机／机器人的简单控制。要想实现更为复杂的、精细化的交互和功能，实现所想即所得，甚至实现将思维与计算机的完美对接，通过“网上下载输入人脑”使人能够熟练地掌握新知识、新技能，这些美好愿景还有很漫长的路要走。

另外需要注意的一个问题是，当人的大脑意识可以被准确读取，那么就意味着大脑当中丰富的隐私数据将有可能会被泄露或窃取，随着脑机接口技术的发展，未来无疑将需要提供足够安全的措施来保障用户的隐私数据安全。

（二）脑机接口技术已成全球科技竞争战略高地

1. 脑机接口第一层金字塔，修复

通过心念操纵机器，让机器替代人类身体的一些机能，修复残障人士的生理缺陷。

2. 脑机接口第二层金字塔，改善

通过脑机接口，改善大脑运行，让我们时刻就像刚刚睡了一个好觉醒来一样，精神抖擞、注意力集中、思维敏捷，能够清醒高效地去做一件事情。

3. 脑机接口第三层金字塔，增强

通过脑机接口，让我们短时间内拥有大量的知识和技能，获得一般人类无法拥有的超能力。

4. 脑机接口第四层金字塔，沟通

有了脑机接口，人类不用语言，仅靠大脑中的脑电信号就可以彼此沟通，实现“无损”的大脑信息传输。

鉴于未来脑机接口技术对社会发展所能够带来的强大的推动力，目前脑机接口技术已经成为全球各国科技竞争的战略高地。

第七章　人工智能的应用领域

第一节　大数据与人工智能在金融领域的应用

一、投资前瞻

做投资，基于产业的独立思考与判断必不可少，同时也应当总结创业失败公司的普遍性原因，做到防微杜渐。回顾历史，温故知新，进而前瞻性地捕捉投资机会并顺应趋势的变化，在正确的赛道上做正确的事情。

（一）基于产业分析的独立思考与判断

投资是一个需要在不确定性中发掘趋势性的行业，不仅需要预测产业链的趋势，也要预测产业链的拐点；投资是一个需要长期积累的行业，从短期来看，行业赛道虽然拥挤，但是从 5 年、10 年甚至更长时间来看，赛道上同时期竞争者逐渐变少，新的赛道也在逐渐开辟；投资也是具有较强周期性的行业，美林时钟的周期性体现得尤为明显，当资本市场下行压力较大时，募资和投资都会变得更为困难。

投资行业的“二八效应”明显，优秀的 20% 的投资人赚取了 80% 的利润。因此，投资者要有基于产业的独立思考与判断，具有前瞻性的长远眼光，能在适当的时机做出恰当的判断，才有可能成为优秀的 20%，而不会随波逐流。

（二）失败案例的普遍性原因

通过分析过往投资案例，我们可以总结出失败案例的普遍性原因。

1.“护城河”不够深

“高筑墙，缓称王。”企业的发展需要有自己的“护城河”，如技术优势或者现象级的产品等。“护城河”越浅，意味着被替代的可能性越大。拥有足够深“护城河”的企业能更从容地面对各种风险。

2. 行业天花板不够高

行业发展的天花板体现在市场总体需求的大小，它决定了在未来可孕育企业的大小。百亿级市场规模的行业孕育不出千亿级营收规模的企业。目标企业所在行业市场前景要

么已经足够大，能够容纳相应规模的企业，要么所在市场能够被培育，市场规模有可能逐渐变得足够大。

3. 融资节奏错位

有些企业在市场环境好时没有把握好融资的节奏，对资金使用任意性较强，造成资金浪费；有些企业在经济周期高峰时对估值要求过高，不愿意降低估值进行融资，错失了融资机会；也有一些企业因为业绩对赌、回购条款、股权质押、董事会席位等附加条件苛刻而未能实现融资，或者因为上述条件导致企业经营过于被动，在投资方与创始团队之间产生矛盾。一旦经济低谷来临，上述企业若没有储备足够的现金类资产，则很可能会由于流动性问题倒在黎明之前。

4. 盲目扩张

很多创业企业的创始人都拥有良好的教育背景和行业经验，但缺乏耐心，急于求成，采取了一些错误的并购行为或盲目实施多元化扩张策略。盲目扩张可能会导致企业战略方向不明确、现金流紧缺甚至资金链断裂，使创业企业陷入困境。企业能否规避盲目扩张取决于一系列因素，包括能否全面把握市场发展趋势、能否全面梳理内部经营管理体系、能否全面分析企业自身产品或服务优劣势、研发优劣势、资金优劣势、人才优劣势等。

5. 企业家胜任能力不足

企业家就是企业这艘大船的总舵手，对企业发展至关重要。经营能力、管理能力、抗挫折能力、市场应变能力等，都是衡量企业家胜任能力的重要考量因素。投资创业企业，在很大程度上就是投资创始人。

6. 过高杠杆导致资金链断裂

高杠杆是一把“双刃剑”；一方面，企业可以利用杠杆资金迅速扩大规模；另一方面，一旦经济下行、市场资金供给紧缩，高杠杆很可能会导致企业资金链断裂。稳定的现金流对企业发展至关重要，有些企业收入规模很大，但实际现金流入很少，大多以应收账款等形式存在，这不仅提高了坏账形成的风险，还会影响企业的整体偿付能力。

7. 团队利益与企业利益不一致

企业的发展最终依赖于人的智慧，为了激励和留住人才，保证企业与员工利益的一致性，需观察公司的激励措施能否有效稳定核心团队、核心技术人员及骨干员工。如果企业与员工利益存在冲突或企业的激励措施难以调动员工的主观能动性，企业发展将会受到很大的影响。一般可以通过查看企业的期权池或员工持股情况等方式来评估企业利益与员工利益是否一致。

从过往众多创业失败的案例可知，内部利益冲突是很多企业难以为继的重要原因，投资者心中要始终有一根弦，了解并尽量规避上述问题，进而降低投资失败的风险。

（三）前瞻

1. 行业前瞻

股权投资推动科技创新及人类社会进步，并带来效率提升和更美好、更便捷的生活方式。我们之前在一些相关影片里看过一些未来科技带来的新生活方式，很多场景目前已经实现，如利用 VR 获得沉浸式体验，运用机器人进行一系列手术，通过云计算获得某个机构的数据进而计算推演未来等。

以人工智能、清洁能源、机器人技术、量子信息技术、可控核聚变、虚拟现实以及生物技术为主的新一轮工业革命（亦称“第四次工业革命”）已经吹响了号角，这是重大的历史机遇，也面临着前所未有的挑战。

站在未来看现在的历史机遇，我们认为现在正处于工业革命 4.0 的时代，需要明确几个要点：

第一，明确我们处于什么样的时代背景。生产力和生产效率提升使我们站在了新一轮工业革命的起点，也是许多产业的转折点。纵观过去十年中国经济的发展，更多的是消费类、020、文娱等消费和服务类行业的增长及进步，人工智能、生物技术、光电芯片等真正硬科技还相对滞后。

第二，当今时代背景下的赛道选择问题。“一鸟在手胜于二鸟在林”，不能三心二意。弱水三千，要找到那个最优的项目。选赛道非常重要，选择正确的行业赛道意味着朝正确的方向奔跑，反之亦然。选择符合国家战略发展方向和符合世界发展趋势的产业进行投资，让资金流向科技创新以及消费升级等领域，流向能够更好地为人们生产、生活、消费服务的地方。大健康、大数据、人工智能、万物互联等赛道因为行业和市场空间足够大，可以出现现象级的企业，有望涌现出更多“独角兽”企业。

例如，面对人口老龄化不断加剧的形势，精准医疗、生物工程、养老产业在全球范围内依旧是具备巨大发展潜力的产业，中国更不例外，大数据的深入挖掘与应用将会给我们的工作和生活带来一场新的信息革命，科技将带领我们突破人类潜力的极限，由物联网连接的可穿戴设备可能会把相关实时信息通过芯片直接植入人们的身体之中，人们可以利用来自物联网和大数据的信息来加深对世界以及自己的了解。机器人和自动化系统也将会无处不在，自动驾驶汽车会使交通更加安全与高效，还可能会出现共享自动驾驶汽车。这是由大的历史背景决定的，技术发展是指数型的，一旦超越某个水平线，就很可能成为“奇点”。

2. 组织形式前瞻

如今二手份额转让基金（又称 S 基金）越来越活跃。不同于通过 IPO 退出，基金或者项目的份额转让由买卖双方磋商达成，交易价格一般为估值乘以折价比例。二手份额交易策略能缩短现金回流时间，增强现金流动性。一般来说，现金回报是 J 曲线，二手份额跳过了前面的等待期，使得现金回流速度更快，因为比较靠后期，投资风险也会小很多。

母基金（又称 FOIO）也会越来越活跃。市场化母基金通过对不同 GP 基金管理人投资风格和投资策略的了解，加上政府引导基金的支持，未来将逐渐成为私募股权基金行业的发展主力。优秀的母基金精选头部 GP 管理人机构，还可以跟投优秀 GP 管理人的优质项目，通过精准跟投，提升母基金收益，这也是我们编写本书的初衷。

通过整理分析，我们认为大数据及人工智能技术可以辅助投资决策分析，通过大数据及人工智能技术挖掘投资中创业失败企业之间、创业成功企业之间的共性原因，寻求市场优质二手份额转让基金，并通过前瞻性的比对使决策更有效率。

二、投资决策分析

（一）投资类型划分

1. 根据投资阶段划分

股权投资基金按照投资阶段进行分类，通常分为天使基金、VC（风险投资）基金、PE（股权投资）基金和并购基金。天使基金主要投资初创阶段的企业或项目，VC 基金主要投资成长初期的企业，PE 基金主要投资商业模式比较成熟、利润规模稳定增长、具有 IPO 潜力的企业，并购基金一般是由市场化基金与上市公司、大型企业集团等产业资本方共同发起设立，投资具有并购协同价值的标的，主要目的是协助产业资本开展横向或纵向扩张，有利于未来的产业布局。

不同阶段的投资逻辑是不同的，如天使投资的逻辑并不能完全适用于 VC 企业所处的发展阶段不同，呈现的特点也不同，因此对不同发展阶段的企业，投资逻辑不同，关注的侧重点也不同，需要使用不同的投资决策模型来支持决策，未合理确定企业的发展阶段或混淆了不同阶段所适应的投资理念，都可能会使投资失败。

2. 根据投资目的划分

按照投资人的投资目的来分类，可分为战略性投资人和财务性投资人。战略投资人一般不是为了追求短期盈利，会参与企业的部分经营决策。战略投资人通常为相关行业的经营者，通过投资上下游行业可实现纵向拓展业务线，增强自身主营业务竞争力。所

以战略投资人通常追求较为长期的收益，一般通过现金流折现的方法来进行建模，选择的时间周期也较长。

财务投资人的投资目的与战略投资人截然不同，财务投资人主要追求短期内就获得资本增值收益。财务投资人通过对投资标的未来 3 ～ 5 年的业绩进行考量，判断其是否会在短期内快速成长。

（二）投资决策模型的考量因素

股权投资需要重点关注以下几点：外界因素包括宏观经济运行情况、行业发展状况、时机；团队基因包括创始人、管理层、核心技术人员；产品与运营包括产品及服务、核心竞争力、商业模式、规模；财务情况包括成长性、估值；法律状况包括关联交易、股权结构、同业竞争等。

投资人除了要考量所投企业未来可能带来的潜在收益，更需要关注投资项目的风险。项目风险主要来自六个方面：实际控制人风险、主营业务风险、财务风险、法律风险、经营管理风险、项目运作风险。

一般投资决策模型需要对各影响因素进行全方位的考虑，下面主要介绍投资决策的基本架构。

1. 企业生命周期

企业的生命周期是企业发展与成长的动态轨迹，包括创立、成长、成熟、衰退几个阶段。投资时期多集中在前两个阶段以及成熟期的拐点之前，避开衰退期以及成熟期拐点之后的阶段。

对于投资者来说，最重要的莫过于看准投资的时机。较早期的项目，运营模式还不够成熟，企业盈利模式还不够清晰，投资风险较大。而后期的项目，由于行业趋向成熟，行业的整合使市场集中度提高，企业内控也趋于完善，企业管理、商业模式等都走向科学化，所以后期的估值一般会比前期的估值要高。一般情况下，较为理想的投资策略为每一个新兴领域成为热点之前的 2 ～ 3 年，看准时机进行投资。

2. 经济周期

经济周期，也称商业周期、景气循环，一般是指经济活动沿着经济发展的总体趋势所经历的有规律的扩张和收缩，是国民总产出、总收入和总就业的波动，呈现出周期性波动的特点。

一般把经济周期分为繁荣、衰退、萧条和复苏四个阶段，表现在图形上叫衰退、谷底、扩张和顶峰更为形象，这也是现在普遍使用的名称。

3. 产业（行业）周期及趋势

投资主要是为了获得未来的收益。按照巴菲特的投资理论，好的投资标的应该具有以下几个特点：过去有长期稳定的业务、有特许经营权、未来具有长期竞争优势。投资除了要看项目本身，还需要注重判断行业所处时期。一般情况下，企业的发展趋势与行业的发展趋势存在正相关关系，在一个处于衰落期的行业中出现一个快速成长的企业是很困难的。

已经处于成熟期的行业中，主要包括一些传统行业，它们的市场容量空间有限，甚至已处于萎缩阶段，这些企业经过长期竞争，形成了比较稳固的竞争格局，有较为坚实的进入壁垒。

对于一些新兴产业，现存的供给者数量非常少，供需之间巨大的差异为新的行业进入者提供了爆发式增长的机会，具有巨大的发展空间。在这个过程中，团队战斗力强、运营机制良好的企业更具有脱颖而出的可能性，更容易出现爆发式增长。

4. 可持续发展能力

投资人在对项目进行评估时，仅看历史业绩是远远不够的，更重要的是要关注其是否具有可持续发展能力。有的项目在创业初期获得了较多的受众群体、大量的订单和收入，但可能是依靠某些不正当竞争的资源或者仅仅凭先发优势获得的，随着这些资源效用逐渐降低或强大竞争对手介入，若产品或服务的复购率、使用率大幅度降低，便无法在最有利的竞争时机扩大市场占有率和企业规模，从长远来看，企业发展的可持续性就会大打折扣。

5. 规模

被投资者普遍看好的“独角兽”企业通常需要足够大的规模，不仅是企业自身规模的大小，还需要考虑的企业所处行业的市场规模大小以及上下游产业链的成熟程度，这些因素决定了企业扩张空间的大小。有的行业具有巨大的市场体量，可以支撑足够大的估值。例如电商行业，就具有较高的行业天花板，在电商企业的扩张阶段，交易行为易于标准化，可以快速积累客户资源，实现规模效应。然而，对于某些行业，虽然市场需求广阔，但产品或服务难以标准化，扩张需要付出更多的人力、财力、物力，每单位消耗的成本和费用都要明显高于其他行业，实现规模化的难度相对来说也要高于其他行业，发展速度和发展空间都会受影响。

因此，从投资的角度考虑，要重点关注那些市场规模足够大、行业天花板足够高的领域。

6. 团队

创始团队是影响企业发展的最关键因素之一。一般越是在早期，创始团队对企业的影响越大，能直接左右企业的运营和发展。随着经营模式和商业模式逐渐成熟，管理和制度逐渐完善，企业形成了具有比较优势的核心竞争力，管理层的影响程度将会被逐渐弱化，但依旧是一个需要重点考量的因素。

一般情况下，好的创始团队是创业成功的必要条件，需要兼备专业性和全面性。只懂技术不懂运营，则可能在对企业未来的规划方面有所欠缺。只懂得管理却不懂技术或产品，那么企业可能在内生性可持续增长能力方面具有劣势。从经验来看，创始团队成员若能深入了解所处行业，拥有深厚的技术积累和丰富的运营经验，精准把握行业痛点，深刻理解产品或服务的核心竞争力，将更容易脱颖而出。

相较于所拥有的经验而言，对创始团队更为重要的是持续学习能力。在企业发展过程中，生产规模逐步扩大，员工人数不断增多，管理愈加规范化，与资本市场的联系越发紧密，管理层对企业的治理方式也要随着客观情势的变化而逐步优化。经验主要代表过去，若变成经验主义，则会适得其反，整个行业和市场环境都处于不断变化之中，随时可能出现产品的迭代和技术的革新，已有的技术和经验若跟不上这种深刻的变化，过去的优势就可能成为企业长远发展的重大障碍。

所以，除了考量一个企业的已有优势与劣势，投资者还要关注企业管理者对新技术、新理念的学习态度、学习能力和执行情况，考察企业的人员流动情况、培训机制和实施效果。除了企业的运营团队，还有一个能够对企业产生较大影响的因素，即实际控制人。实际控制人作为企业的拥有者，拥有对企业经营管理的最终决策权（部分企业通过协议或合同的方式约定，实际控制人不参与企业的运营），可以决定企业未来的走向。

7. 商业模式

“商业模式”一词最早出现在风险投资领域，它高度凝练地描述了企业主营业务的运转规律和逻辑，简明扼要地概述了企业的经营模式和盈利模式。在经营模式上，一般投资者会关注创新性和可行性；在盈利模式上，会关注成长性和稳定性。

针对不同的行业，对商业模式的关注点不尽相同。例如餐饮业，投资者应当关注单店成功运营的关键要素以及这种成功是否可以大规模复制，如海底捞等；零售行业则一般重点关注资金在运营过程中的周转速度和周期，资金周转较快则表明盈利模式可能相对更优。

8. 产品及服务

这里所说的产品及服务是指企业的主营业务，集中体现了企业的核心竞争力。它可

以是具体实物产品，如钢铁、汽车；也可以是网络服务，如游戏、APP 等；也可能是提供的某种劳务，如顾问、医养护理、培训等。

每个创业者在项目启动前，都应该清楚自己的核心竞争产品是什么，具体如何通过这个产品创造价值并获得利润。部分项目可能由于自身的特性无法快速扩大化和规模化，但依旧需要花费时间和精力去思考更高层级商业化的路径。在实际创业过程中，会发现最初预设的商业模式经过市场的反复检验后并不一定适用，因此，如何根据具体情况变化及时调整运营方式和发展方向，是对团队巨大的考验。

判断一个团队是否靠谱，不仅要看团队成员之前各自取得的成就，还需要考察团队与项目所在行业的相关程度。因为即使同处于一个大的行业中，每个细分行业之间的差别也非常大。例如，在养老行业中，养老地产领域中的佼佼者不一定了解养老护理领域的痛点；在 IC 行业中，做存储芯片的企业有可能会转行做显示芯片，跨度还是比较大的。

因此，创业者对细分市场定位越精确越熟悉，越可能用最小的成本实现最大的效用，从竞争者中脱颖而出。

如果创业者不能够静下心来聚焦自己的产品和服务的质量，总是好高骛远，想着一步到位，动辄希望建立一站式的全方位服务，或是建立一条打通上下游的全方位生态链体系，希望在短时间内就做成一个惊人的规模或是快速达到一个准上市的标准，则这种企业投资者尤其需要甄别。

9. 财务状况

通俗地讲，经营能力主要体现在三个方面：正确的经营方向、可持续的营运能力、可观的获利能力，这三个方面都可在企业财务报表上体现出来。

财务状况可以反映企业的历史经营业绩以及现阶段的收支情况，长期经营能力的评价还需要全面考察企业的核心竞争能力与可持续经营能力。

第一，在看企业财报时，要重点关注“非经常性损益”这一项。在判断盈利和成长时，非经常损益所创造的价值，如出售不动产等，所获收益不是可持续的，需要剔除。

第二，要关注无形资产的占比。相比于固定资产，无形资产发生资产减值的可能性更大，这很有可能是由于技术革新等因素而发生大幅度减值，在负债不变的情况下会使资产负债率大幅度提高，带来营运风险。所以一般来说，无形资产占比超过行业平均水平的标的时，投资者需要重点关注其原因。

第三，关注资产负债率和产权比率。资产负债率和产权比率都是用于衡量企业长期偿债能力的指标，两个指标在侧重点上有些差别。资产负债率又称举债经营比率，在资产负债表上，总资产 = 负债 + 所有者权益，等于负债总额与资产总额的比值，揭示的是

总资本中负债的比例，它是用于衡量企业利用债权人提供资金进行经营活动的能力，也是反映债权人发放贷款安全程度的指标之一。产权比率，即有息负债与所有者权益的比值，侧重于揭示债务资本与权益资本的相互关系，说明企业财务结构的风险性，以及所有者权益对偿债风险的承受能力。

第四，关注企业主营业务收入的发展轨迹。企业销售额如果处于一个上升的趋势，即使企业还未达到收支平衡，其发展潜力也能增强投资者的风险偏好。

第五，关注薪酬支付比例。从这个比率可以看出，企业所获的利润中，有多少用于扩大再生产，有多少是自用。

综上所述，如果一家企业经常性损益和无形资产很少、产权比率和薪酬支付比率较低、销售收入保持一个稳健的增长，则不难判断，这个企业倾向于成为行业内的佼佼者。

此外，在识别风险时，还需综合考量资产负债表、利润表、现金流量表各科目的内在关系。

（1）公司利润增幅较大，但经营性现金流净额持续为负值，则公司可能存在潜在的流动性风险或财务造假风险。

（2）观察应收账款周转率与营业收入的关系。周转率的不稳定，间接反映营业收入的不稳定，营业收入可能源于提前确认，可能源于向渠道压货，或是公司产品市场竞争力下降等。

（3）企业持续经营需要稳定的现金流。通常来说，现金最好来自利润留存，而不是再融资或财务杠杆。

（4）比较净资产收益率和融资的机会成本，探索公司盈利能力的强弱，并分析可能的原因，是投资回报率下降、行业发生了变化还是公司本身产品竞争力下降等。

10. 成长性

标的企业的成长性对投资成败影响甚大。成长性受很多因素的综合影响，如行业需求、市场潜力、企业运营水平、管理的科学性等。

第一，有足够好的产品的企业，通常有较高的销售增长率。某产品在市场上供不应求，一般受两个因素的影响：一是整个行业处于成长和扩张期，市场需求潜力巨大；二是企业自身的产品竞争力优于竞争对手，拥有较高的市场占有率。

第二，企业运营质量高低也是影响企业成长性的一个重要因素。企业若能够平稳度过瓶颈期，并且没有发展的天花板，则一个合理而有效的运营体系，如高水平的销售体系，能够帮助企业拓宽市场，打破限制条件；如成熟的成本控制体系，在质量一定的情况下，具备成本方面的比较优势更容易让企业在行业内脱颖而出；如良好的劳动和人事关系，

管理层基本稳定、部门之间能有效配合、团队凝聚力强，有良好的企业文化，都会对公司发展产生巨大的推动作用。

11. 投资收益预测和估值

根据风险与收益之间的关系，项目可以大体分为四类：高风险低回报、低风险低回报、高风险高回报、低风险高回报。

对于高风险低回报的项目，大多数投资人是不会投资的。对于低风险高回报的项目，通常是可遇不可求的，如果可以遇到这类项目，需快速综合评估，尽量抓住这样难得的投资机遇。一般情况下，投资者所能接触到的项目，大多是高风险高回报的项目。

关于对拟投资标的进行合理估值，需要与其所处的行业实际情况相结合，综合运作多种评估指标，同时与其竞争对手进行同行业比较，要动态地识别企业的内在优劣势，仔细甄别其比较优势和比较劣势等。只有综合各方面因素进行整体考量，才能做出相对客观的判断。

12. 价值

在二级市场上，格雷厄姆倡导价值投资，即在选择股票的时候，要注重上市公司的基本面，这种方法基本上可以规避重大投资风险，因为通过基本面研究对企业的内在价值有了合理判断后，即使短期因为二级市场“情绪波动”导致股票价格下跌，最终股票价格也会回归内在价值。当然，对于公司基本面的判断也必须保持一种动态调整的态度，以免犯“刻舟求剑”的错误。

在一级市场上，绝大部分投资人主要关注投资回报的实现期限，关注企业的收支平衡点、实现盈利的时点以及如何实现退出。收回成本并获取收益是投资者的价值目标，资金是有机会成本的，每个基金都有自己的收益标准，如果不能覆盖这个成本，则说明投资活动没有获得成功。

13. 风险与安全边际

投资活动通常是收益与风险并存，多数情况下呈正相关关系。越是新兴的行业，越是前沿的技术，越是初期的项目，越有可能获得高倍的收益，但投资失败的风险也越高。

投资需在风险与收益之间识别平衡点，在不确定性中寻求一个可以承受的风险，同时尽可能地提高收益。为了实现这一目标，需要根据投资人自身的实际情况，选择合适的风险控制模型进行科学评估。如何建立一个适合自身风险承受能力的投资模型，需要投资者通过不断实践，不断总结经验，在吸取教训的基础上逐渐形成一套自洽的投资理论体系。

例如，在PE投资中，通常追逐风险极低化，风险是第一考虑因素，在这个基础上

再追逐较高收益。正如芒格所说，“赚钱的秘诀不在于冒险，而在于避险”。在PE投资中，追求的是标的确定性。确定性不仅仅局限于某单一标的的确定，还可以通过总体的确定性来实现整体投资成功率水平的提高。

14. 护城河

“护城河”就是指一个企业拥有某种技术或者某种模式，当其他有大型财团支持的竞争者出现时，竞争企业不能依靠充裕的资金复制业务并且超越标的企业。在投资过程中，财务报表是一个有效的分析工具，但是仅仅靠看财务报表还远远不够。标的企业要实现持续的长久发展，其自身必须要有一条强大的“护城河”。用哈佛大学商学院教授迈克尔·波特的话说，“护城河”是“企业可持续的竞争优势”。即企业自身要拥有强大的核心竞争力，防止竞争者轻易入侵，“护城河”在于能做别人做不到的事情，且具有持续性。

标的企业在一定时期内保持领先优势，意味着竞争企业需要花费大量的时间、精力、金钱才能做到。标的企业能做别人现阶段还做不了的事情，这体现在关键技术优势、核心团队优势、专利和知识产权优势、成本优势、规模优势、品牌优势等各个方面。为了保证护城河的持续性，企业必须在技术、管理、理念、战略、文化等各个方面提高持续创新的能力。

第二节　大数据与人工智能在工业 4.0 领域的应用

一、工业大数据分析

工业大数据要求处理数据更高效、数据来源更可靠、数据安全系数更高，注重数据安全管理。掌握工业大数据的优势才能真正地把握未来市场的主动权。

（一）工业大数据面临三大制约因素

1. 工业大数据安全和开放体系亟待建立

建立数据安全和数据开放体系是工业大数据大规模应用的两个重要前提。我国多数工业企业的信息化建设是由业务部门在业务开展过程中根据自身的局部需求开展建设，缺少统一规划，形成了部门割据的信息化烟囱，导致数据编码不一致，系统之间不能相互通信，业务流程不能贯通。因此，我国工业企业无论在数据的总量上，还是数据的质量上，均和欧美发达国家制造企业存在较大差距，且由于行业垄断或商业利益等原因，数据的开放程度也不高。

另一个制约我国工业大数据应用发展的重要因素是政策法规体系不健全。工业大数据的开发和利用既要满足工业企业典型应用场景的业务发展需求，也要防止涉及国家、企业秘密的数据发生泄露。而我国在工业大数据的利用、评价、交换以及信息安全保护方面的法律法规尚需进一步健全，这在很大程度上抑制了工业大数据应用的广度和深度，不利于工业大数据生态系统的建设和培育。

2. 基于工业大数据的企业管理理念和运作模式变革

随着智能设备、物联网技术、智能传感器、工业软件以及工业企业管理信息系统等在工业企业的广泛应用，综合利用各种感知、互联、分析以及决策技术，通过实时感知、采集、监控现场制造加工状况、物流情况、生产准备情况、技术状态管理情况，并开展数据挖掘分析，急需工业大数据平台和相关技术的支撑。

工业大数据应用的目的是推动工业企业基于对内外部环境相关数据的采集、存储和分析，实现企业与内外部关联环境的感知和互联，并利用人工智能技术开展数据挖掘分析，支撑工业企业基于数据进行决策管控，提升企业决策管控的针对性和有效性。

3. 工业大数据人才缺乏，制约产业发展

工业大数据技术应用的关键是揭示各种典型工业应用场景下，各种数据的内在关联关系，因此工业大数据技术的应用者不但要掌握工业大数据的相关知识和工具，还需要深刻了解制造业典型的业务场景，并结合工业大数据的分析和可视化展示情况，结合业务场景进行合理解读，此外，还需要结合业务场景进行解决方案的制订和管理决策。以上工业大数据人才的要求将大大制约工业大数据产业发展的进程。

整体上，工业大数据对复合型人才的需求更强烈，目前我国工业大数据的高级管理决策人才、数据分析人才、平台架构人员、数据开发工程师、算法工程师等多个方向均存在较大缺口，极大地阻碍了工业大数据产业的发展。

（二）工业大数据应用的四大发展趋势

1. 工业大数据应用的外部环境日益成熟

以工业 4.0 和工业互联网为代表的智能化制造技术已成为制造业发展的趋势，智能化制造技术的研究和应用推动了工业传感器、控制器等软硬件系统和先进技术在工业领域的应用，智能制造应用不断成熟，一方面，正在逐步打破数据孤岛壁垒，实现人与机器、机器与机器的互联互通，为工业数据的自由汇聚奠定基础；另一方面，进一步增强了工业大数据的应用需求，使得工业大数据应用的外部环境日益成熟。

2. 人工智能和工业大数据融合加深

工业大数据的广泛深入应用离不开机器学习、数据挖掘、模式识别、自然语言理解等人工智能技术清理数据、提升数据质量和实现数据分析的智能化，工业大数据的应用和安全保障都离不开人工智能技术，而人工智能的核心是数据支持，工业大数据反过来又促进人工智能技术的应用发展，两者的深度融合成为发展的必然趋势。

3. 云平台成为工业大数据发展的主要方向

工业大数据云平台是推动工业大数据发展的重要抓手。传统互联网大数据的处理方法、模型和工具难以直接使用，增加了工业大数据的技术壁垒，导致工业大数据的解决方案非常昂贵，云平台的出现为工业企业特别是中小型工业企业随时、按需、高效地使用工业大数据技术和工具提供了便宜、可扩展、用户友好的解决方案，大大降低了工业企业拥抱工业大数据的门槛和成本。

4. 工业大数据将催生新的产业

除了云平台外，新的大数据可视化和人工智能自动化软件也能大大简化工业大数据的数据，处理和分析过程，打破了大数据专家和外行之间的壁垒。这些软件的出现使得企业可以自主利用工业大数据，做相对简单的工业大数据分析，以及外包复杂的工业大数据应用需求给专业工业大数据服务公司，从而催生新产业，包括工业大数据存储、清理、分析、可视化等相关的软件开发、外包服务等。

（三）发展工业大数据

发展工业大数据可从以下几点入手：

（1）整合各工业行业的数据资源，建设工业互联网和信息物理系统，推动制造业向基于大数据分析与应用的智能化转型。

（2）推动大数据在研发设计、生产制造、经营管理、市场营销、业务协同等环节的集成应用，推动制造模式变革和工业转型升级。

（3）加快建设工业云及基于工业云的应用等服务平台。依托两化融合和“中国制造 2025”工作平台及政策体系，开展工业大数据创新运用。

（4）开展智能工厂及精细化管理大数据应用试点。

二、人工智能与工业 4.0

随着人工智能技术的进一步发展，人工智能和工业的结合也受到了各国政府的高度重视，建设智能工厂成为各工业企业的紧急任务。在经过蒸汽技术革命、电力技术革命、计算机及信息技术革命三次工业革命后，人工智能将带来全新的第四次工业革命，实现

高效、安全、便捷化的“人工智能 + 工业”。

人工智能技术在机械手臂、机器视觉和大数据上的突破，为现代工业的制造、安检和销售等各方面带来创新，在不久的将来一定能实现建立智能工厂的目标。

（一）工业 4.0 即智能制造

工业 4.0 的主旨是在现代通信技术和网络技术的帮助下，将制造业向智能化转型。换句话说，工业 4.0 即智能制造。

工业 4.0 战略有两个重要的组成部分，即智能工厂和智能生产。

智能工厂面向的是传统工厂的智能化转型问题，重点研究建设智能化的新程生产系统和过程，以及生产设施的智能化更新和分布。智能生产研究的重点则是工厂在生产过程中如何运用新技术实现生产效率的最大化。

工业 4.0 提出的智能制造是一种新的生产模式，是信息技术与制造技术的深度融合与集成。

众多智能工厂通过移动互联网和物联网的系统交互形成庞大且完整的制造网络，而智能工厂内部的社会化设备、智能产品、高素质操作者等则通过企业内部的通信机制实现沟通，其中包括生产数据的采集与分析、生产决策的确定等。

工业 4.0 有以下四个方面的特点。

1. 生产智能化

利用人工智能信息网络，智能工厂的生产通信将变得更加流畅，生产速度大大加快。

2. 设备智能化

在人工智能技术的帮助下，工厂的生产设备能够自动判别生产环境，对生产过程进行调节。

3. 能源管理智能化

具有无障碍的通信系统，工厂中的电力系统、楼宇控制系统、电力微机综合保护系统等都能实现智能化，做到能源的最优分配。

4. 供应链管理智能化

智能制造是一个完全整合的系统，从原料的配送到产品的运输，供应链的管理会从全局考虑，统筹安排更加合理的管理体系。

（二）机械手臂与工业制造

在大型产品的工业生产中（如汽车制造行业），机械手臂的应用已经十分普遍。但是，随着工业生产对自动化的需求越来越大，机械手臂也开始逐渐进入小型加工行业。小型

加工行业的原料和产品的重量相对较轻，不强调机械手臂的举重能力，更重视机械手臂的细致操作能力。因此，机械手臂的小型化和智能化成了必然趋势。

1. 小型化

机械手臂的小型化不只是其外观的尺寸要缩小，其活动半径也要缩小。机械手臂的尺寸和操作半径越小，越有利于实现生产线的密集部署。

传统的机械手臂尺寸比生产工人大得多，再加上要为机械手臂保留一定的安全空间，工厂引入机械手臂时不仅不能实现密集部署，甚至还需要投入更多成本去重新设计生产线。当机械手臂小型化后，工厂就不再需要增加成本修改现有生产线以适应机械手臂，可直接用机械手臂代替生产工人进行流水作业，从而提高生产效率。

2. 智能化

人工智能机械手臂的智能化依靠的是智能力觉传感器和视觉传感器。在一些精细化的机床加工生产中，人类可根据触感和视觉等灵活调整加工程序，人工智能技术的入驻将帮助机械手臂实现这种操作。

通过对工人操作流程的深度学习，人工智能机械手臂对加工的应对方案储备充分的知识。当智能传感设备收集到材料的特性时，人工智能软件将指导机械手臂进行定点的精细化操作。

越疆科技公司研发的Dobot就是一个集小型化和智能化于一体的机械手臂。Dobot只有台灯大小，是典型的桌面级设备，符合小型工业对机械手臂的要求。通过应用程序控制，Dobot既能实现传统机械手臂的夹持、吸取等动作，又能实现精细复杂的操作（Dobot的最大精度定位为0.2毫米），甚至能够用于雕刻、绘画等。

Dobot已经和众多厂商进行广合作：Dobot曾和美国最大的扬声器厂家之一BOSE合作测试扬声器设备的反复按键质量，也曾参与华为手机、平板电脑等的显示屏盲点测试，还和周大福珠宝合作完成了金饰自动称重的工作等。

机械手臂本身就可在程序的指令下进行精准作业，人工智能技术和传统机械手臂的结合赋予其更加灵活的操作能力，其精准作业的特性可以发挥到极致，在实现高效统一的工业产品生产上具有十分重要的作用。

（三）机器视觉与工业安检

机器视觉也被称为“自动化的眼睛”，在工业生产中具有非常重要的作用。与其他感觉方式相比，视觉无须和被观察的对象接触，因此对观察者和被观察者都不会产生伤害，十分安全。这也是机器视觉得到广泛应用的最重要的原因。

机器视觉可以探测到如红外线、超声波等人类观察不到的信号，而且无须休息，可

以实现 24 小时观测，这对环境较为恶劣的工业生产来说具有非常明显的优势。因此，机器视觉在工厂中有很高的经济效益。

机器视觉可以利用人工智能的机器学习技术，加强对工厂环境的检测。通过机器学习技术，机器视觉可以充分感知各种条件下的不安全环境和安全环境之间的差别，提高工厂环境的安全性。

1. 精准识别工厂员工

大多数工厂对进入工作区的人员的管控很严格。传统的解决办法是监控摄像头和门房人员配合，但不能完全消除隐患。如果利用机器视觉对进入工厂的人员进行全方位监控，就能实现高精度的面部识别，杜绝闲杂人等混入工厂中。

2. 消防安全

利用机器视觉对红外线、温度等数据进行检测，可实现对火灾等隐患提前预警，减少事故的发生。

3. 电气安全

工厂工作环境中的用电安全同样重要。机器视觉可以检测全厂的电路情况，防止电路出现过载、短路等现象。

（四）人工智能与工业产品销售

德国工业 4.0 明确指出，由于各种智能设备的进入和信息化进程的推进，工业将产生各种各样的数据。这些数据就是工业 4.0 的核心，是其区别于传统工业生产体系的最根本的特征。这些数据可运用于工业产品销售方面，起到精准营销的作用。

利用人工智能的深度学习，工业大数据的分析会变得越来越精准，能够深度挖掘消费者的需求，促进生产部门不断改进产品。

与单纯的大数据分析营销相比，人工智能背后的大数据营销更加注重“智能”。人工智能技术的深度学习能力将供应链、物流仓储和生产制造三个方面的数据进行结合分析，为营销人员提供了更好的决策参考。

在工业 4.0 时代，工业企业的数据会随着智能化进程的推进以爆炸式速度增长。这也给人工智能的营销决策提供了学习分析的大数据土壤。随着人工智能营销技术的更新迭代，工业企业的营销能力也会得到极大的提升。

三、工业 4.0 时代的智能工厂

（一）建设智能工厂的五大策略

随着工业 4.0 的提出，“智能工厂”的概念也得到了人们的广泛认可。一方面，人

工劳动力成本日益增加，企业招工困难；另一方面，人工智能等新兴技术的出现为各大企业推进智能工厂建设提供了良好的技术支撑，一时间各大工厂纷纷寻求转型升级。但是，如何才能建设真正的智能工厂呢？本节将从五大策略出发，详述建设智能工厂的有效措施。

1. 结合核心价值链与信息化落地

在建设智能工厂的问题上，首先要搞清楚建设智能工厂最关键的因素是什么。良信电气副总吴煜曾经表示，在迈向工业4.0的过程中，企业要关注的关键因素是质量。“质量”不仅仅是指最简单的产品质量，更重要的是打造健全的全价值链质量平台，实现平台信息化。

企业信息化能够充分提升企业的竞争力，是建设智能工厂最重要的部分。企业信息化涉及的主要领域有四个部分，包括企业资源规划（ERP）、供应链管理（SCM）、客户关系管理（CRM）和产品生命周期管理（PLM）。因此，打造全面信息化的智能工厂，需要将ERP、SCM、CRM、PLM等信息化系统的管理体系做到固化落地，消除信息孤岛。

通过企业信息化，能够实现智能工厂以下五个方面的目标。

（1）产品智能化

通过打通PLM和其他多个系统，实现协同设计，将产品生命周期中的各个过程转换成结构化的数据和文档，输入系统的数据长期有效，便于实现系统自动化设计。

（2）生产方式智能化

在生产过程中利用ERP等系统进行管控，打开生产过程中的“黑箱”，实现生产过程透明化、可追溯等目标。

（3）物流智能化

利用SCM系统进行统筹管理，减少线边库存，提升配送响应度和配送过程的透明度。

（4）设备智能化

利用各个信息系统之间的数据交流，实现对生产线、机械手臂等精确调控，成功实现产品生产过程中的自动化和智能化。

（5）管理智能化

各个信息系统之间实现横向的沟通和交流后，生产流程和程序信总就能实现深度融合，为产品的项目管理提供更多智能决策参考。

建设智能工厂的关键是打造全价值链质量平台，实现信息化落地。只有打通信息化管理的壁垒，才能建立起深入到企业内部的“智能化”体系。

2. 建立清晰的智能工厂标准

智能工厂的核心在于结合全价值链质量平台，实现信息化落地，仅拥有自动化生产线和工业机器人的工厂还不能够称为智能工厂。智能工厂涵盖的领域非常多，衡量一家工厂是否真的“智能”需要建立一定的标准。一般来说，智能工厂有以下五大衡量标准。

（1）是否实现“车间物联网”

传统的工生产中只存在设备与设备之间的通信，人与设备之间的交互还需要接触式操作。在真正的智能工厂中，人、设备、系统三者之间应构建起完整的“车间物联网”，实现智能化的交互式通信。当建立起“车间物联网”后，车间内的所有人与物都可通过物联网得到连接，方便管理。

（2）是否利用大数据分析

随着工业的信息化进程加快，工厂生产所拥有的数据日益增多。由于生产设备产生、采集和处理的数据量与企业内部的数据量相比要大很多，因此智能工厂能够充分利用大数据技术对数据进行分析。

在工业生产的过程中，设备产生的数据每隔几秒钟就被收集一次。大数据技术利用这些数据能够建立起生产过程的数据模型，与人工智能技术结合，不断学习优化生产管理过程。同时，如果在生产过程中发现某处生产偏离了标准，系统就会自动发出警报。

（3）是否实现生产现场无人化

智能工厂的基本标准是自动化生产，不需要人工参与。当生产过程出现问题时，生产设备可自行诊断和排查，一旦问题得到解决，立刻恢复自动化生产。

（4）是否实现生产过程透明化

在信息化系统的支撑下，智能工厂的生产过程能够被全程追溯，各种生产数据也是真实、透明的，通过人工智能系统可以轻松实现查询与监管。

（5）是否实现生产文档无纸化

智能工厂定是环境友好型工厂，因此目前工业企业中的众多纸质文件（如工艺过程卡片、质量文件、零件蓝图等）就是不符合要求的。所以，智能工厂的一个重要标准就是实现生产文档无纸化。

生产文档实现无纸化管理，不仅减少了纸张的浪费，还能杜绝纸质文档查找困难的问题，大大提高了工作人员检索文档的效率。

这些标准表明，建设智能工厂是全面、系统的工作，具有自身的衡量标准。只有明确智能工厂的标准，并在建设过程中一落实，才能确立适合自身的智能企业建设方案。

3. 建设智造单元

在建设智能工厂的过程中，建设智造单元的策略得到了大多数企业的认可。有人称智造单元是“智能制造落地最有效的抓手”。由此可见，建设智造单元是实现智能工厂的必经之路。

智能工厂本身是一个非常复杂的系统，需要从整体上考虑。而落实到具体的生产线时，就需要从构建智造单元做起。

智造单元从工业生产中的基本生产车间出发，将一组功能近似的设备进行整合，再通过软件的连接形成多功能模块集成，最后和企业的管理系统连接在一起，形成一体化。

（1）资源轴

资源轴的“资源”是抽象意义上的资源，可以是任何对象，包括员工、设备、工艺流程，也包括精神层面的企业文化。

（2）管理轴

管理轴是指生产过程中的要素管控和运行维护过程，包括对产品的质量、成本、性能和交付等的管理把控。

（3）执行轴

执行轴是PDCA循环（也叫戴明环）的体现，即计划（Plan）、执行（Do）、检查（Check）、行动（Action）。

智造单元实际上是一个最小的数字化工厂，本身可以实现多品种、少批量（单件）的产品生产。更重要的是，智造单元能够最大限度地保护工厂的现有投资，即工厂既往的设备都可以被重复使用。如此，工厂的投资成本就会得到控制，对推进智能工厂的建设十分有利。

智造单元是智能生态的最小单元，能够充分组合工厂现有的资源和设备，在整体的智能环境下让已有设备的功效和效率达到最大化，体现了智能制造的调控柔性。

4. 加强人机配合

智能工厂的本质并不是“无人工厂”，而是在合理控制成本的前提下实现人机配合，满足市场的需求。因此，在推进智能工厂的建设时，加强人机配合以追求人机协同发展的策略十分重要。

在工业4.0的背景下，工业产品的市场需求朝着个性化的方向发展。智能工厂的人机配合形式充分利用机器人去完成重复性的工作，将人力解放出来进行创造性的工作，以满足消费者的个性化需求。

在智能工厂的人机配合模式上，海尔堪称榜样。海尔曾发布一批众创洗衣机

“intelius”，以智能、高科技等因素赢得了消费者的追捧。这批洗衣机由海尔的互联工厂推出，全球50万用户共同参与了设计。

这款洗衣机之所以能够满足用户的个性化定制需求，是因为海尔的互联工厂采用了先进的智能化和信息化技术，是全球洗衣机行业最先进的互联工厂。该工厂采用了高柔性的自动无人生产线，生产车间全程无人工操作，是彻底的“黑灯车间”。通过多种智能设备，不仅能够实现生产设备的智能控制，还能够为全球的消费者展现工厂的生产流程，首次实现了洗衣机行业的全面透明化。

海尔互联工厂的建立实现了对建设智能工厂的新探索。通过实现工厂车间的全面自动化，海尔的互联工厂把产品的设计权交给消费者，加强人机的协同能力，充分体现了智能工厂在定制个性化产品上的优势。

5. 培养科技意识

随着人工智能技术的发展，智能工厂中运用的技术也一定是日新月异的。因此，企业在建设智能工厂时，要积极尝试新兴的人工智能技术，培养科技意识。

运用以下技术可以更好地建设智能工厂。

（1）智能语音 +ERP（企业资源规划）应用

通过人工智能的智能语音唤起ERP应用，可以大大简化诸如功能调用、信息录入等操作。ERP延伸到与工厂设备连接时，还能够利用语音唤起工厂设备的运行，提高生产效率。

（2）图像智能扫描识别

利用人工智能的图像智能扫描识别功能，可以快速生成单据和凭证，避免手工录入，减少人工的工作负担和录入差错的可能性。

（3）AR技术

AR（Augmented Reality，增强现实）技术也是值得关注的重点。利用AR技术，维修人员可以通过扫描相应的二维码，将虚拟模型和实物模型重合在一起，同时经过人工智能软件的分析给出相应的维修建议，从而提高维修效率。

总之，建设智能工厂不是一朝一夕的事情，但是已经有实际案例在不断探索。所以在实现建设智能工厂的目标上，企业必须牢牢把握住这五大策略，建设真正意义的智能工厂。

（二）工业4.0时代的智能工厂

在“工业4.0”被提出后，全球众多优秀的工业企业都纷纷开展了智能工厂的建设，并总结了许多宝贵的实践经验。

1. 德国西门子安贝格智能工厂

作为工业中的龙头企业，西门子在建设智能 Ir 方面同样处于领先地位。在西门子的安贝格工厂（Electronic Works Amberg，EWA）中，只有 1/4 的工作需要人工完成，3/4 的工作都由机器和计算机自主处理。

自建成以来，安贝格工厂的生产面积没有扩大，生产人员的数量也没有太大变化，但是产能却提高了 8 倍。安贝格工厂平均每秒就生产一个产品，产品的合格率高达 99.9985%，无论生产速度，还是生产质量。全球没有一家同类工厂可与之匹敌。

（1）全面数字化

安贝格工厂的核心特点是实现了全面数字化，其生产过程是“机器控制机器的生产”，而这正是工业 4.0 所希望达到的目标。

安贝格工厂生产的产品是 SIMATIC 可编程逻辑控制器（PLC）及相关产品，这些产品本身就具有类似 CPU 的控制功能。利用全方位数字化，产品和生产设备之间实现了互联互通，保证了生产过程的自动化。

在安贝格工厂的生产线上，产品可以通过产品代码自行控制、调节自身的制造过程。通过通信设备，产品可以告诉生产设备自身的生产标准是什么、下一步要进行的工序是什么。利用产品和生产设备的通信，所有生产流程实现计算机控制并不断进行算法优化。

除了生产线的自动化，安贝格工厂的原料配送也实现了自动化和信息化。当生产线上需要某种物料时，系统会告知工作人员。工作人员通过扫描物料样品的二维码，将信息传输到自动化仓库，物料就会被传送带自动传输到生产线上。

在从物料配送到产品生产的整个流程中，工人所需要做的大约只占整个工作量的。在全面数字化的影响下，安贝格工厂的生产路径不断优化，生产效率不断提高。

（2）员工不可或缺

尽管工厂的生产流程已经实现高度的数字化和自动化，但员工在安贝格工厂中依旧是不可或缺的。除了日常巡查车间，检查自己所负责生产环节的进度，员工最重要的工作是不断为工厂提出配送生产过程中需要改进的意见。在对安贝格工厂的生产力具有促进作用的各个因素中，员工提出改进意见的因素占 40%，这显然不可小觑。

为了鼓励员工不断提出改进意见，安贝格工厂对提出了改进意见的员工发放相应的奖金。安贝格工厂曾发放了共 220 万欧元的奖金给提出意见并获得采纳的员工。

（3）大数据转变为精准数据

智能工厂的关键就是将工厂生产过程中不断产生的大数据经过挖掘、分析和管理，让数据变得更符合智能工厂的生产需要，员工也能更好地使用这些数据。安贝格工厂每

天处理的数据量已经超过了 5000 万，利用人工智能的智能分析手段和分类推送给员工的方式，安贝格工厂将大数据转变为了精准数据，让数据变得更有用。

2. 九江石化智能工厂

九江石化是我国首批石化智能工厂的试点单位之一。尽管没有成熟的经验可供借鉴，九江石化依旧在结合石化流程型企业特点和人工智能的前提下，成功打造了石化智能工厂。在中国石化总部信息化管理部组织的验收测试中，九江石化智能工厂的各项试点建设项目均满足了设计要求，成功达标。

九江石化智能的企业核心业务管理绩效有了大幅的提升，具体表现在三个方面。

（1）本质安全持续提升

本质安全是指在设计手段的安排下，生产设备和生产系统本身就具有安全性，即使在员工误操作或机器故障时也不会发生安全事故。九江石化智能工厂建成投用了人工智能生产管控中心和数字炼厂平台，保证了工厂的监管全场最覆盖和动态数据实时交互，深化本质安全不断提升。

（2）环保管理明显进步

通过人工智能数字炼厂平台的应用，九江石化工厂的生产工艺不断进步，形成了绿色、高效、可持续发展的生产工艺流程，工厂的环保水平不断提升，连续两年获评“中国石化环境保护先进单位”荣誉称号。

（3）盈利能力大幅提升

九江石化智能工厂自主研发了人工智能炼油全流程优化平台，该平台以经济效益最大化为目标。经过试验，该平台已实现了“月计划－周调度－日平衡”的双闭环管理，确保了九江石化面对市场变化时的敏捷性和准确性，大大提升了企业的盈利能力。九江石化智能工厂的加工吨油边际效益连续四年在中国石化沿江 5 家炼油企业中排名首位。

（4）管理效率大幅提高

九江石化在石化企业的典型信息化三层平台架构之上，创新构建了集中集成、数字炼厂、应急指挥三个公共服务平台，打破了企业原有的各类“孤岛”，让生产运行管理模式从传统的“分散管控”模式走向“集中管控”模式，并继续向“智能管控”模式提升。管理模式的提升大大提高了企业的管理效率，在炼油产量增加了一倍的同时，工厂的操室数量降低了 35%，班组数量减少了 13%，员工总数下降了 12%。

在初步实现了智能化应用的“智能工厂 1.0”之后，九江石化正在加速推进“智能工厂 2.0”的建设，把石化工厂推向高端智能、原创智能的方向，推动智能工厂的快速落地。

第三节　大数据与人工智能在医疗领域的应用

一、医疗大数据的特点

医疗大数据是指在医疗服务过程中产生的与临床和管理相关的数据，包括电子病历数据、医学影像数据、用药记录等。医疗大数据除了具有大数据的“4V”特点外，还包括时序性、隐私性、不完整性等医疗领域特有的一些特征。

（1）规模大（Volume）：1个CT图像约为150MB，1个基因组序列约为750MB，1份标准的病历约为5GB；1个社区医院数据量约为数TB至PB，全国健康医疗数据到2020年约为35ZB。医疗行业在数字世界中占比为30%。

（2）类型多样（Variety）：包含文本、影像、音频等多类数据。

（3）增长快（Velocity）：信息技术发展促使越来越多的医疗信息数字化，大量在线或实时数据持续增多，如临床决策诊断、用药、流行病分析等。据权威机构预测，医疗数据每年以48%的速度增长。

（4）价值巨大（Value）：医疗数据的有效使用有利于公共疾病防控、精准诊疗、新药研发、医疗控费、顽疾攻克、健康管理等，但数据价值密度低。

（5）时序性：患者就诊、疾病发病过程在时间上有一个进度，医学检测的波形、图像均为时间函数。

（6）隐私性：患者的医疗数据具有高度的隐私性，泄露信息将造成严重后果。

（7）不完整性：大量来源于人工记录，导致数据记录的残缺和偏差，医疗数据的不完整搜集和处理使医疗数据库无法全面反映疾病信息。

（8）长期保存性：医疗数据需要长期保存。

二、医疗大数据分析系统

我们正处于一个数据爆炸性增长的时代，各类信息系统在医疗卫生机构的广泛应用以及医疗设备和仪器的逐步数字化使得医院积累了更多的数据资源，这些数据资源是非常宝贵的医疗卫生信息，对于疾病的诊断、治疗、诊疗费用的控制等都是非常有价值的。如何在大数据的趋势下做好医疗卫生信息化建设，是值得我们去探索的问题。

就现在来说，大数据在医疗行业的应用情况，国外比国内要多一些。国外一些医疗机构利用大数据提供个性化诊疗、个性化治疗、研制新药和预测分析等。而国内大数据的发展，目前来看大部分都是由一些公司自己进行开发的。例如，百度开发的疾病预测

平台，利用用户的搜索数据和位置数据构建了疾病预测模型。

从现在的技术和需求来看，大数据的发展趋势分为数据收集、数据预测、提供决策支持分析、数据的价值提取 4 个阶段。就医院而言，在这个数据发展阶段，可以承担多重角色：既可以是原始数据供应者（主要是内部数据、结构化数据），也可以是数据产业投资者、数据价值消费者。医疗大数据的发展正处于数据集成阶段。医院对于数据的收集和管理主要集中在结构化临床业务数据、影像数据与病历扫描图像数据、科研文献资料数据等。像医疗设备日志数据、生物信息数据、基因数据、人员情绪数据和行为数据等都还未进行收集和产生。

大数据趋势下，建设医疗信息化的几个关键要点如下。

（一）加强数据集成

中国医院信息化起步相对较晚，很多医院没有从宏观高度统筹规划和系统设计的信息化工作，没有共享信息平台，更没有国家规范与标准，各开发商提供的所谓点对点数据接口也形形色色。异构系统是医院信息系统发展的必然形态。异构数据库系统的目标在于实现不同数据库之间的数据信息资源、硬件设备资源和人力资源的合并和共享。随着信息化技术的发展，医院的信息化已经从一体化发展阶段迈入了集成化阶段。集成化作为当前医院信息化建设的关键，是医院信息化建设的主要内容，在更大层面上体现着医院信息化的效益，更加考验医院和信息中心的建设能力。医院信息化的集成工作不单纯是把电子病历集成化，其他一些非电子病历的数据也需要做集成化处理。只有打通各个系统的数据，才能为以后进行大数据分析打下扎实的基础。

（二）提升数据质量

医院信息系统每天采集、传输、存储和处理大量的数字医疗数据，这些医疗数据支撑着整个信息系统的运行，成为医院管理和医疗业务工作的基础。医疗数据质量的高低直接影响和决定着医疗数据和统计信息的使用价值。提升数据质量方面，首先要保证数据的完整性，对电子病历进行结构化处理，更有效地进行数据的收集。同时，也要个性化地发展，专科电子病历作为比较火热的领域，为医院的大数据科研打下了非常好的基础。在数据的可用性方面，数据质量一定要有标准可以遵循，医院对于数据的质量要有一个监控的过程。医生利用系统查找出来的数据是三年以前的，这样的数据利用起来的话肯定会出问题的。在遵循标准的同时，数据采集的过程中也要进行规范化和标准化的管理。

（三）提高数据安全

医疗数据和应用呈现指数级的增长趋势，也给动态数据安全监控和隐私保护带来了

极大的挑战。国家对于健康医疗大数据的安全十分重视，“规范有序，安全可控”作为“意见”基本原则中最重要的一项。健康医疗大数据应警惕数据安全，保护患者隐私，才能真正实现数据融合共享、开放应用。

（四）推进大数据应用的三大维度

在大数据时代的发展当中，医院的信息管理方式出现了非常明显的转变，其中的信息数据已经呈现出了非常显著的特征。但是，大数据距离临床业务发展成熟仍然是有距离的，目前科研还是大数据应用的主要战场。要更好地推进大数据的发展，首先，要扩大医疗信息化的覆盖面；其次，信息化在一个领域中要有深入的应用，比如高值耗材要深入到床旁、手术台旁等；最后，医院要利用信息化进行互联互通，产生协同效应。

三、医疗大数据处理模型

医疗大数据平台中的数据从医院信息平台获取，依据相关业务应用经整合、加工后，供医护人员、患者和医院管理人员使用。

（一）数据获取

数据获取即根据应用主题从医院信息平台获取相关原始数据存储于医疗大数据平台数据库。

（二）数据整合

数据整合是将从医院信息平台抽取的业务数据按照统一的存储和定义进行集成。医院信息化经过多年的发展，积累了很多基础性和零散的业务数据。但是数据分散在临床、医技、管理等不同部门，致使数据查询访问困难，医院管理层人员无法直接查阅数据，若对数据进行分析利用，则需要综合不同格式、不同业务系统的数据。

（三）数据加工

将整合后的数据进行清洗、转换、加载，根据业务规则建立模型，对数据进行计算和聚合。

（四）数据展现

数据展现即数据可视化，为方便医护人员、患者和管理人员理解和阅读数据，而采用相关技术进行的数据转换。

（五）数据分析

医疗大数据分析可服务于患者、临床医疗和医院管理。

1. 患者特征数据

患者特征数据主要有主诉、现病史、检查检验类数据，涵盖疾病的主要症状、体征、发病过程、检查、诊断、治疗及既往疾病信息、不良嗜好，甚至是职业、居住地等信息。

2. 病种数据

即患者疾病的诊断结果，一般有第一诊断、第二诊断、第三诊断等。目前医疗机构大多使用 ICD-9/ICD-10 进行疾病的分类与编码。

3. 治疗方案与费用数据

根据诊断结果，为患者提供的治疗方案与费用数据主要包括药品、检查、检验、手术、护理、治疗六大类，此外，费用数据还有材料费、床位费、护理费、换药费用等。

4. 治疗状态数据

治疗状态数据即患者出院时的治疗结局，一般分为治愈、好转、未愈、死亡 4 类。

5. 管理类数据

除了患者就医过程产生的服务于医院管理的数据外，还包括医院运营和管理系统中的数据，如物资系统、HRP、财务系统、绩效考核系统等产生的数据。

基于患者就诊过程的医疗大数据分析与应用模型，将医疗大数据分为患者特征、病种、治疗方案、费用、治疗状态、管理数据 5 种类型。

6. 患者特征

根据患者居住地和就诊地的距离、医疗卫生服务水平等因素分析患者流向，通过患者、疾病、医疗机构多角度、深层次、全方位地分析影响患者跨域就诊的因素。

7. 病种

通过对医院接诊患者的诊断结果可以分析医院疾病的种类和发病率，病种患者数量分布、病种科室分布等。

8. 费用

对医院药占比、门诊病人次均医药费用、住院病人人均医药费用、门诊病人次均医药费用增幅、住院病人人均医药费用增幅、典型单病种例均费用、参保患者个人支出比例、医保目录外费用比例、检查和化验收入占医疗收入比重、卫生材料收入占医疗收入比重、挂号 / 诊察 / 床位 / 治疗 / 手术 / 护理收入总和占医疗收入比重、百元医疗收入消耗的卫生材料费用、管理费用率、资产负债率等进行分析。

9. 患者特征—病种—治疗方案

包括病种与患者体征的关系、同一病种治疗方案选择的关系、病种与检查检验数据的关系、疾病与诊疗过程的关系、疾病和药物使用的关系等。

10. 病种—治疗方案—费用—治疗状态

根据医疗机构的医疗费用和疗效数据，通过建立的成本——效果（疗效）分析模型，计算病种不同治疗方案的平均成本、平均效果、增量平均成本、增量平均效果等指标，以及成本-效果比（C/E）、增量成本-效果比（ICER）等效果指标，并进行相关指标的敏感度以及不同治疗方案的成本敏感度分析。

11. 管理

基于医院信息系统产生的医疗业务、临床业务、医疗运营数据可开展动态化、过程化、精细化的医院管理。可以更有效地对各科室、各种医疗人员进行全面的医疗业务、医疗费用、医疗安全、医疗质量、医疗绩效的监管。

四、人工智能的医疗应用

行业治理、临床科研、公共卫生、管理决策、便民惠民以及产业发展已经成为我国健康医疗大数据的六大核心应用。AI 应用以前三者为重点分析对象，聚焦于行业治理的体制改革评估、医院管理和医保控费；临床科研领域的临床决策支持药物研发、精准医疗等方面；公共卫生则在多元化数据检测的基础上构建重大突发事件预警和应急响应体系，同时探索开展个性化健康管理服务。在应用开发方面，IT 巨头和数据驱动型创新企业各有特点，除此之外，拥有丰富资源的政府和医疗机构也开始扮演重要的角色。

下面我们阐述医疗大数据的几个 AI 应用：智能辅助诊疗、影像数据分析与影像智能诊断、合理用药、远程监控、精准医疗、成本与疗效分析、绩效管理、医院控费、医疗质量分析等。

（一）智能辅助诊疗

借助大数据分析挖掘技术，在医院大量疾病临床资料的基础上，将同种疾病不同患者的就诊数据根据体征、环境因素、社会因素、心理因素、经济因素等多个角度划分为不同的组，以选择适合不同组的检查检验类型、治疗方案类型等。当有新的患者来医院就诊时，医生可进入系统，依据该患者的特征数据将其进行分类，然后为其选择个性化的诊疗方案。

（二）影像数据分析与影像智能诊断

影像数据分析与影像智能诊断即借助 PACS 系统，在尽可能保持图像数据准确性和

真实性的条件下，首先利用多维影像融合（CT/MRI/PET-CT）技术等对影像数据进行配准、分割、聚类，经过 PACS 处理的影像数据，进一步通过人工智能技术进行病灶识别等数据上的挖掘和应用，可有效减少医生的负担，提高医学判断的精准性。

（三）合理用药

合理用药是根据疾病种类、患者状况和药理学理论选择最佳药物及其制剂，制定或调整给药方案，以期安全、有效、经济的预防和治愈疾病。除了执行国家药物政策、规范医疗行为、加强药学服务等措施之外，通过临床合理用药审核、咨询系统来规范临床医师的用药行为也是提高合理用药水平的有效措施。可采用大数据技术，依据患者的病历病史、疾病诊断、医嘱信息、用药信息、过敏信息等进行用药安全警示，如药物禁忌审查、配伍禁忌审查、药物相互作用审查等，及时发现不合理的用药问题。此外，可对医院历史处方数据进行大数据挖掘，分析抗菌药、注射剂、基本药物等占处方药的百分比，检验医院处方开具的不合格率，为规范医疗行为提供数据支持。

（四）远程监控

远程病人监护系统包括家用心脏检测设备、血糖仪、芯片药片等。远程监控系统中包含大量的医疗数据，可从远程监护系统中进行患者相关体征数据的收集，经分析后再将结果反馈至监控设备，围绕体征数据的采集，对相应波动规律进行分析和判断，结合患者的病史资料，确定今后的用药和治疗方案。同时可减少患者的住院时间，缓解医院门、急诊排队拥堵的现象。

（五）精准医疗

大数据分析技术通过收集电子病历系统患者个人的完整临床诊疗记录、同病种相似患者的临床诊疗记录，并结合患者的基因信息，利用生物信息学分析工具、本体、数据挖掘等大数据分析技术，对所收集的数据进行整合分析，以精准查找致病病因，形成精准临床诊断报告，并为患者提供最佳治疗方案，达到治疗效果最大化和副作用最小化的目的。

（六）成本与疗效分析

以生存期和生活质量为临床疗效评价指标，通过比较不同治疗方案之间的健康效果差别和成本差别，从而为包括单病种控费、总额控制等在内的多种支付方式提供支持，实现在有效控制医疗费用的前提下提供最佳的临床诊疗方案。

（七）绩效管理

通过大数据技术对医院床位使用率、财务收支、门 / 急诊量等医疗绩效指标数据进

行分析，提供全方位的、精细化的、个性化的绩效评价体系。以美国为例，为减少再住院率，特地建立了一个模型来评估再住院风险。部分医院依靠这个模型，预测准确性可以达到79%，减少了约30%地再住院病例，为医院和病人节省了大量开支。

（八）医院控费

药品收入占比较大、大型医用设备检查治疗和医用耗材的收入占比增加较快、不合理就医等导致的医疗服务总量增加较快等，均是导致医院医疗费用不合理增长的原因。通过大数据技术测算各病种诊疗过程中的药品、检查、检验、手术、护理、治疗等方面的合理费用及补偿水平，同时针对医疗费用控制的主要监测指标进行数据分析和挖掘，积极控制医院费用的不合理增长，实现医院精细化管理。

（九）医疗质量分析

医疗质量是评价医院医疗服务与管理整体水平最重要的标准，一直以来都是医院管理工作的核心。利用大数据分析技术将医疗质量数据转换为管理人员所需要的指标信息，按照患者特征、历史资料、图表信息等为管理层提供数据支撑和依据，是医疗大数据重要应用的体现。

医疗大数据和人工智能在疾病发病趋势预测、健康状况评估、患者需求与行为分析、心电数据分析与心电智能诊断方面的应用也将越来越广泛。

第四节　大数据与人工智能在教育领域的应用

一、高校教育管理的影响

大数据时代，数据科学家也于前沿的数据技术开发，经济学家关注大数据的产业价值，企业家期盼大数据的阳光照进日常的经营现实，法学家强调隐私保护，教育工作者思考如何利用大数据管理来推进智慧教育。大数据时代，我国高校教育管理面临着机遇，也面临着挑战。

（一）高校教育管理本质分析

何为教育？何为管理？何为教育管理？学术界对此的定义可以说是仁者见仁、智者见智，有从价值角度定义，有从方法角度定义，也有从目的角度定义。

高校教育管理的根本旨趣，就是通过教育和涵养、熏陶和浸染、培养与赋能，使学生具有发现幸福、创造幸福和体验幸福的能力，使学生更加优秀。可以说，优秀和幸福是高校教育管理所有的价值所在。

1. 高校教育的本质

从不同角度反映教育矛盾冲突，就形成所谓“个人本位教育论”和“社会本位教育论”两种对立的教育观。实际上，这两种矛盾本质观正体现了教育的两大基本功能：促进人的发展和社会发展。教育是人与社会关系的中介，人与社会是教育的两端。教育的本质是培养人的活动，人是教育的对象，教育促进人的发展和人的社会化；教育在一定的社会环境中进行，社会为教育提供物质和精神教育资源。人的发展和社会的发展是一致的，因此教育促进人的发展和促进社会的发展功能具有本质上的一致性。促进人的发展，即德、智、体、美诸要素的关系，是教育的内部关系；教育与社会经济、政治、文化的关系，是教育的外部关系。但是，从根本上来讲，教育是帮助受教育的人，给他发展自己的能力，完善他的人格，即润泽生命、开启智慧。归根到底，教育者还是要守护他的精神高地、守护他的内心。一个人的内心感觉是否幸福、是否宁静、是否有力量，从某种意义上来讲，最终还是要回归教育本质、回归幸福本质、回归爱的本质。高校是学生进入社会前的最后一站，是培养“大学之人”的摇篮。大学，大人之学，就是精神高贵的人，精神贵族。

2. 高校教育管理的本质

高校是培养身也协调发展的高素养人才的一种特殊社会组织，高校的关键业务有三项：教学、科研和管理，教学和科研目标的实现离不开科学管理，教育目标的实现，更离不开科学管理。高校教育管理的终极之善是改善各类办学要素状态及其组合状态，共同服务于培养具有丰富精神、高尚品德、独立思考、情善意美的社会普适性人才。高校教育管理是协调高校内部各要素之间、内部要素与外部要素之间关系、对有限的资源进行合理配置、使之与环境更相适应，从而更好地实现办学目标的重要方法和手段。高校教育管理水平高低，是衡量教育现代化程度的基本尺度之一，高校教育管理的水平直接影响高校教育教学的水平和质量，影响高校办学目标的实现。高校教育管理包括教学管理、学生管理、科研管理、师资管理、物资管理、财务管理及服务管理等内容，其中，教学管理、科研管理和学生管理是本研究重点讨论的内容。高校教育管理是一种特殊的管理，它的管理对象是活生生的人，高校除了财和物的管理，更重要的是人的管理——教师和学生。管理是一把双刃剑，管理得好了，那么被管理的事物就会焕发生机，管理得不好，那么被管理的事物就会萎靡不振，甚至死亡。管理的艺术在于借力，力的本质是能量及其特殊的存在方式。借力关键是要增加协同力，通过密切目标接触等办法，增加动力源，促进动力释放；同时，也要通过避免接触障碍的方法，减少阻力的能源，减少阻力释放。在管理也是生产力的时代，高校应树立“向管理要效益”的观念，充分认识提高高校教育管理水平对于提高资源利用效率、激发师生员工教和学积极性的重要意

义，不断提高管理水平和能力。

（二）我国高校大数据教育管理发展现状

1. 学校网络教学环境建设明显改善

一是“教学点数字教育资源全覆盖”项目取得重要进展。我国广大城市和农村地区的六万多所教学点的数字资源覆盖率达到百分之百，教学点在数字教学设备建设、数字资源传送和利用数字资源教学上取得了一定突破。

二是“宽带网络校校通”快速推进。各级各类学校互联网全覆盖的目标基本实现，安装并使用宽带的教学点占总数的 50% 以上。

三是优质资源匮乏局面明显改观。“优质资源班班通”计划将教育优质资源分享到每一个教学单位中的每一个教学班级之中，实现教学优质资源共享，也取得了十分显著的成绩。教育信息化背景下的职业教育体系中，建成了 56 个网络专业教学数字资源中也，国家层面的开放式大学建立了为继续教育服务的在线资源 3 万多个、课程总量达到 60 多个太字节。

四是“网络学习空间人人通”实现新跨越。全国已有超过 30% 的学校开通了网络学习空间，建设了国家开放大学远程开放教育云平台，开放教育为特色的国家开放大学实行远程教育开放式的云端课堂，提供60门核心课程和50门通识课程，数字教材达到50种，并在网络媒体上进行推广，促进了教育理念变革和模式创新。五是教育云服务体系初步建立，这一云平台将全国20多个省级教育优质课平台、企业教育云服务平台等整合起来，形成了校际之间、企业之间、校企之间并联发展的良好态势。

2. 国家教育资源是服务体系初具规模

教育部、财政部和工信部协同建设，“两级建设、五级应用”（教育部、省教育厅两级建设，国家、省、地市、区县和高校五级运用）的信息资源格局业已形成，国家级数据中也基本建成，省级数据中也建设快速推进，建成了支撑学生、教师、学校等核心业务管理的 29 个信息系统及各类基础数据库。基本实现了校、师、生在管理上的“一所学校对应一个编码，一个学生对应一个号码”的信息录入，教育管理信息系统建设与应用体系已经覆盖全国并日臻完善。

3. 学科专业建设规划开始实施推进

随着互联网及大数据技术的发展，相关学科专业建设显得尤为重要。我国高校也根据国家法律法规及相关政策，加大数据人才培养及相关专业建设。如，电子科技大学成立网络空间安全学院，招收博士生，包括网络与数据安全、安全通信、电磁空间安全、

密码理论与应用算法及云计算与大数据安全五个研究方向。学科的建立，对资源的汇聚带来正效应。四用大学作为首批国家网络安全人才培养基地，其获得网络安全人才培养专项基金，在中央网信办的支持下，启动金额达1000万元。

（三）大数据对我国高校教育管理带来的积极影响

大数据带给高校数据采集、治理模式、教育教学、考核评估等方面带来革命性的力量。

1. 数据采集

局限于技术、人力和物力，传统高校数据采集主要以管理类、结构化和结果性的数据为重点，关注教育整体发展情况，这种反馈机制在一定程度上对于高校教育决策、规章制度的制定起到了积极的作用。但是对于学生、教师、科研的实时掌握情况却远远不够，对于不好的结果也不能提前预测和预防，而多是事后补救型，从而使高校教育管理处于被动局面。随着大数据技术强力渗透到各行各业，高校教育数据的采集将面临新的变革。互联网、物联网和大数据技术支撑下的高校智慧校园，不仅在采集数据的数量上超越传统高校，而且在数据的质量及数据的价值方面都具有传统高校数据所不可比拟的优势。高校教育管理大数据具有非结构化、动态化、过程化及微观化的特点，处理程序更加复杂、深入和多元化。学生的学、教师的教，一切活动都处处有迹可循。数据流源源不断，在数据分析师的头脑加工，产生源源不断的智慧流，从而促进高校教育管理更加科学化、人性化。当然，高校大数据采集和管理宗旨是：功能是必需，情感是刚需，以人为本。然而，由于高校教管理对象及活动的复杂性，加上缺乏商业领域标准化业务流程，从而导致高校教育管理大数据的采集活动呈现复杂性的特点。在高校教育管理大数据的分析中，要特别强调因果关系，虽然国际大数据专家舍恩伯格认为更应重相关关系，但是教育是培养人为根本目标，它不同于商业数据，无须追根求源，教育大数据不仅要“知其然”，更要知其“所以然”。通过技术分析和处理，挖掘高校教育管理大数据所体现的规律及发现揭示问题背后的根本原因，最终寻找破解之道、应对良策，从而更好地提升高校教与学的活动效果。

2. 模式

利用数据进行决策，已经在管理中形成共识。大数据时代，高校决策模式、治理模式都将面临转型。传统高校治理属于“精英治理”，受限于校园信息化程度和智能化程度不高，学校各项事业发展方案、措施、策略等不能广泛传达至师生，民主意识较强的管理者顶多召开一个小范围的研讨会，或者以开会的形式传达，而这种正式会议过于严肃和拘谨，缺乏自由、轻松的氛围，不利于异质声音的表达，也就意味着不能将群众的真正声音传递到决策者耳中。而在以互联网、物联网、云计算、大数据及移动终端为技

术支撑的智慧校园中，可以实现高校由“管理”向“治理”转变，更好地实现治理的民主化、科学化。高校管理者与师生不受时空限制的互动交流，至少有四点优势：一是收集有利于学校发展、各项业务完善的群众智慧；二是传达学校发展战略、思路，形成上下合力；三是拉近干群距离，将各种矛盾化解在萌芽状态；四是决策处处留痕，实现阳光政务，防止权为“任性”，促进决策的规范化、科学化。

3. 教学化

利用大数据技术开展翻转课堂教学改革或在线教育是当前高校教育管理变革的重要内容。高校学生数量庞大，是运用信息技术的主要群体，也是高校教育管理大数据的重要生产者和使用者。可以根据学习平台上不同学生对各个知识点的不同用时、不同反应，来确定要重点强调的知识和决定不同的讲述方式。大数据教学有两大优势：一是私人定制，二是大规模个性定制。私人定制即借助适应性学习软件，通过相关算法分析个人需求为每一位学生创建“个人播放列表”，且这种学习的内容是动态的。通过大数据分析，对提高学生个体学业成绩需要实施的行为作出预测，决定如何选择教材、采取什么样的教学风格和反馈机制等。大规模个性定制指根据学生差异对大规模学生进行分组，通过相同测验、有更多相似性的学生会被分在一组，相同组别的学生也会使用相同的教材。大规模个性定制教育的成本并不比批量教育成本高出许多。

4. 考核评估

刻舟求剑、刮目相看、盲人摸象。这些蕴含着中国智慧的成语告诉我们；要用运动的、全面的眼光评价事物。作为“科学”“先进”的社会群体符号代表的高校教育管理者，对于学校的办学水平及教与学的成效评估更要体现科学性和人文性。大数据时代，从数海中找到当前教育管理问题及其影响因素和根本原因，用易懂的数据关系诠释深刻的哲学道理，是这个时代的重要特征。大数据促进高校教育管理评估从注重经验向注重数据转变，从注重模糊宏观向注重精准微观转变，从注重结果向注重过程转变。高校教学活动是大数据评估最常用的领域，从广义上理解，高校大数据应是人类学、社会学、社会关系学背景下的大数据。高校内部大数据系统一定要与外部社会大数据系统建立起融合关系或者链接关系，这样才可能从知识、情感、能力、道德等全方位、多维度了解学生，制定人性化发展方案，有效避免以学习为中心，而更好地实现以素质为中心的教育旨趣，才能更好培养符合社会需求的高水平专业人才。首先，高校利用大数据技术，对人才培养、产业发展及社会信息等数据的采集要提前布局，要有连续的数据对其支撑，每个地区的生源情况、就业情况，要有长期连续的动态数据，才能从数海中预测经济发展、社会人才需求、高等教育未来发展趋势等，及时调整学校发展战略，促进人才培养模式改革。

其次，大数据技术可以实现考核评估的革命性改变，高校教育管理者利用回归分析、关联规则挖掘等方法帮助教师对学生学习状况、思想状况、社交状况等进行全方位的掌握，关注学生生长的过程，实现评估的全方位和立体化，从而优化教育管理策略，提高教育管理效果。

二、教学模式的优化

在传统的教学模式中，“以老师为中心”的教学模式是最常见的。随着人们时教育研究的深入和科技水平的发展，“以学生为中心”的教育模式成了教育专家所建议的最佳教育模式，也成了教育改革的目标。

“以学生为中心”的教育模式强调激发学生的自主学习能力，为学生提供个性化的教育，并在充分利用现代科技的基础上，通过互联网为学生提供全部的教学资源。但由于科技手段的限制，许多教学过程都无法达到“以学生为中心”的目标。当人工智能技术与教学手段结合后，智能语音技术能够帮助英语课堂获得更好的教学效果；智能批改作业系统能够将老师从单调的作业批改工作中解放出来，从而有更多精力去开展备课等教学活动；智能分析技术能够充分分析学生的特点，帮助老师做到因材施教；人工智能支持的游戏化教学平台使课堂更加有趣，充分激发学生的学习兴趣。

总之，“人工智能教学”的模式能够将课堂变得更加高效，为学生提供个性化的教学，也能够为教学领域带来新的发展契机。

（一）现代智能教学模式的优点

1. 趣味导入激发学生的学习兴趣

“好的开始是成功的一半”，任何课程都需要个好的课程导入过程，这样不仅能够让学生的注意力集中到课堂上，更能够激发他们的学习兴趣，在上课时积极主动地学习新知识。在利用畅言语音系统进行课程的导入时，老师可将与课程内容有关的图片展示出来，运用识别笔进行触点，放出语音。例如，在进行英语课程（We love animals）时，老师利用畅言语音系统对贴有隐形识别码的图片、简笔画等进行触点，使无声的图片能够和学生进行语音互动。这样一来，学生与这些实物的交换过程中能够激发学习兴趣，对所学单词的印象更加深刻。

2. 活跃课堂教学气氛

课堂气氛是影响学生学习的重要因素，活跃的课堂气氛能够将学生的注意力集中在老师的教学过程上，提升教学效果。智能语音系统可以帮助老师活跃课堂气氛。例如，该系统自带的魔音功能可以模仿学生们喜爱的人物声音和学生进行交流。当学生回答问

题后，后者学生的注意力有些不集中时，老师通过魔音功能能够充分刺激学生的听觉，活跃课堂气氛，吸引学生的注意力。

3. 创设情境巩固操练

在英语教学活动中，课堂练习（如小组口语练习、情景练习等）是学生对所学知识进行巩固的最基本的活动形式。因此，老师在这个环节也应充分提高学生的参与度，加深学生对学习内容的理解。

智能语音系统能够为课堂练习创设不同的情境，辅助学生进行巩固操练。例如，英语课堂中，学生需要练习英语单词，老师就可以用识别笔点触事先准备好的隐形识别码，让智能语音系统发出声音，创设出具有情景模式的场景，加深学生对单词的印象。

4. 提高老师的专业水平

以英语为代表的语言类教师岗位对老师的专业水平具有很高的要求。由于客观原因，我国英语老师尤其是农村英语老师的英语专业水平不容乐观，这给英语教学带来了一定的障碍。智能语音系统具有发音纯正的语音系统，可以帮助老师不断修正语音上的不足。同时，智能语音系统还能够及时更新课外读物，帮助老师不断学习新知识，丰富课堂教学内容。

与传统的教学教具（如录音机、英汉词典等）相比，智能语音系统的交互性特点十分突出，而英语课堂教学只有在教学双方具有良好互动的情况下才能达到最好的效果，所以智能语音系统更能够协助提高英语教学效果。

（二）智能批改作业

在教学过程中，对学生的作业进行批改是老师了解学生情况的重要手段之一，也是占用老师大量精力的环节。尽管批改作业可以让老师充分了解学生对所学知识的掌握程度，以此作为制定下一步教学方案的依据，但是由于有的作业只是辅助学生进行知识巩固，不具有暴露学生学习薄弱点的作用（如抄写诗词等），因此如果能够实现对作业的智能批改，就能够为老师节省大量的时间和精力，使老师能够更好地钻研备课等其他教学活动。

“智能批改”的概念十分火爆，但实现起来并非易事。在实现智能批改的过程中，需要利用智能识别技术对手写文字进行识别，对逻辑应用进行模型分析。也就是说，智能识别技术是智能批改的基础。

最初级的智能批改是中、高考最常用的一种批改模式——机器批改。这种模式利用微机读卡技术能够对学生的客观题进行批改，从而提高阅卷效率。但由于对手写题目的批阅要求更高的识别技术和数字化转换技术，因此不能完成智能识别的机器并不能实现

智能批改。只有结合人工智能技术，才能够真正实现智能批改。

智能批改在教育变革中具有十分重要的作用。首先，智能批改能够让教学过程中最重要的教育生产力一老师，从繁重的作业批改中解放出来，让他们有更多精力充分备课或进行其他教学活动。其次，智能批改系统不会遗漏任何一位学生的成绩，能够更好地向老师展示学生的学习情况，辅助老师制订教学计划，实现因材施教。另外，智能批改的速度极快，能够让老师及时得到反馈，随堂测验更加高效地完成，有更多时间讲解学生没有理解的问题。

（三）智能分析技术

自孔子提出“因材施教”的教育观念以来，我国在实行个性化教育方面已经有 2000 多年的历史。但在现代应试教育的大环境下，老师要想根据学生的特点制定个性化的教学方案是十分困难的。在科学技术尤其是人工智能分析技术的支持下，因材施教有了可行的方法。

通过人工智能技术，有以下两种途径来实现因材施教的个性化教学。

1. 构建、优化智能模型

人工智能的智能分析技术能够为用户构建和优化学习内容模型，帮助用户更加准确地发现适合自己的学习内容。国外的分级阅读平台就是典型的案例。它能够为用户推荐适合其水平的阅读材料，并在阅读材料后附有相关的小测验。在用户完成阅读和测验后，平台会对其答案进行智能分析，生成阅读数据报告，既可用于下一次推荐，也方便老师掌握学生的学习情况。

2. 自适应平台

要想做到教学过程中的因材施教，就必须了解学生的学习特点。具有智能分析的自适应平台能够满足这个要求，为学生提供个性化的学习。

以自适应平台的代表 Knewton 为例。Knewton 为全球的发行商、学校及学习者提供课程推荐和预测分析，它具有三项重要功能：智能推荐课程、预测性的学习数据分析和结果数据分析。

在获取学习者的学习数据后，Knewton 能够为学习者推荐一些合适的课程。在学习者经过一段时间的学习后，Knewton 能够预测性地告知学习者未来能够达到的学习程度。最后，当学习者完成学习后，Knewton 会对学习者的学习结果进行分析，评估课程对学习者到底起到了哪些作用，以便更精准地推荐学习材料。

在教学过程中，实现教学的反馈环是十分重要的，即形成老师提出问题——学生解决问题学习成果反馈——老师发现问题——老师有针对性地调整教学方向的正向循环。

这个闭环在老师和学生的数量比例合适时（如一对一的教学）十分容易实现，但当学生数量增多时，学生的个体差异就会使这个闭环难以实现。然而，人工智能分析技术可以帮助实现对学生的智能分析，从而提高老师为学生制订个性化学习计划的效率，也使因材施教真正成为可实现的目标。

三、相应策略路径

人工智能技术是通过对人类认知能力和智慧行为进行模仿，实现智能化的过程中所要掌握的物质方法和技术手段。目前人工智能技术不仅包括自然语言处理、语音识别、深度学习和自适应等公认的技术，还包括人类暂时无法处理的复杂性、实时性的机器智能技术、基因技术、脑机接口等技术。当前人工智能技术在国内教育领域的应用主要有自适应学习、智能辅导系统、教育机器人三方面。

（一）自适应学习

自适应学习是指通过对学生每一阶段的能力进行测评、对学习者学习特征进行监控，适当调整教学内容、教学方法和教学环境，给出精准的学习路径的一种学习方式。

自适应学习强调建模中的学习者差异，追踪学习者的需要和能力并为学习者提供精准的学习路径是自适应学习系统的关键。因此，当前国内自适应的研究主要是在分析学习者的情感状态、性格特点、知识水平和学习能力的基础上，建立精准的学习者概况和学习者模型。

（二）智能辅导系统

智能辅导系统包含于自适应学习系统中，自适应学习系统的核心在课上，智能辅导系统的核心在课后，属于自适应学习系统的次核心部分。智能辅导系统可以帮助学生自学新知识，提供作业辅导，以智能的方式给予多类型的帮助和反馈。

尽管智能辅导系统已经在教学方面有一定的成效，但是研究发现，智能辅导系统还未到达成熟阶段。信息技术帮助其进行系统构建，情感计算帮助实现教学中的情感沟通，人工智能技术帮助实现个性化学习，虚拟技术帮助实现分享与交流，认知科学帮助我们更好地了解问题、思考问题和解决问题，但目前这些技术都没达到成熟阶段从而限制了智能辅导系统的发展。

（三）教育机器人

教育机器人是以激发学生学习兴趣，培养学生动手实践、编程创造和观察能力等为目标专门面向教育领域研发的机器人。

实践应用主要集中在以下三方面：实践课教学内容、教师助手、学习陪伴者。机器

人在实践课上组装或利用编程操控可以提高学生的动手操作能力；机器人作为教师助手主要用于辅助教师传递教学内容，使教学内容更直观，激发学生的学习兴趣，如机器人表演舞蹈动作；教育机器人作为学习陪伴者主要功能有与学生互动记忆单词等。

四、发展面临的挑战与前景

人工智能时代中的高度智能化和信息化给教育带来的影响主要体现在智能教学环境、智能教师资源、智能教学技术和智能学习技术等方面。从当前的应用现状来看，人工智能与基础教育正不断融合，虽然可以初步做到优化学习路径，提供个性化学习服务，在技术和应用上也在不断创新，但理论研究与实践应用相对不足，人工智能与教育的深度融合面临的挑战也不断地凸显出来：高素质综合型人才紧缺导致高发文量低应用率、大量的异构数据库阻碍人工智能教育数据库的完善、需求率不明确技术相对不领先阻碍人工智能的实践与创新①。因此，未来人工智能的发展需要在以下几个方面加强。

（一）以应用能力为导向，加强高素质综合型人才的培养

随着人工智能市场经济的高速发展、产业结构的优化调整和技术的不断升级，人工智能教育需要的不再是具有单一学科的理论技术人才，而是具有思维推理能力、问题解决能力和创新能力等的高素质综合型的优质人才。优质人才的培养分为两个方面。

第一，复合型技术人才培养。人工智能教育是融合了多种学科理论的交叉的科学，因此，应加强人工智能与多学科交叉融合研究，培养具有多学科理论基础的复合型人才，将当前研究成果落实到实践。

第二，“AI”教师的培养。未来优秀的教师将是懂得“AI”技术方法和擅长使用人工智能产品的教师，课堂将从传统的单一课堂向“双师课堂”的转变，在教学过程中，智能导师与“AI”导师相互配合，协调完成教学目标。因此，要改变教学模式、革新教学方式、更迭教学环境、制定完善的教师培训体系，加强“AI”教师的培养。

（二）以个性化检索为导向，完善人工智能教育数据库

在智能场景方面，庞大的人工智能教育数据库是发展智能教室、智能学习空间等人工智能场景的重要条件之一。当前由于教育资源库中存在大量的异构数据库，阻碍教育资源共建共享机制的完善，还没有形成统一的标准。

因此，未来的发展首先是要对现有教育资源进行标准化处理，将各类优质教育资源融合，协调统一的规范技术和标准，实现更大范围的信息资源共享。其次要建立教学资源存储云数据库。考虑当前资源现状，有两种途径：第一，将教育资源信息工作交给第三方，以便拥有安全快捷的云计算服务；第二，构建独立的教学资源共享服务中心，以

便具有较强的专业性和针对性的优点。

（三）以需求为导向，深化人工智能技术的实践与创新

人工智能技术在基础教育阶段的应用需要关注技术本身对智能教学场景、智能教师资源、智能教学技术和智能学习技术等要素所发挥的作用。其着力点在于智能教室、智能学习空间等人工智能场景的实现和以基础教育阶段学生需求为导向的自适应学习系统、智能教学技术为导向的智能辅导系统、教育机器人等教育产品的研发。同时，下一步主流技术的开发和与教育的融合应以把人类积极性情感问题的因素考虑其中，设计需求明确实用性强的产品，深化人工智能技术的实践与创新。

人类正步入人工智能的新时代，人工智能与教育正深度融合。“人类+机器”是现在，不是未来。而这种“现在”正在迅速地引领教育走向人工智能时代。随着越来越多的学生对科技越来越熟悉，人工智能将逐渐变成学校课堂中不可或缺的一部分。在人工智能对基础教育影响越来越大的今天，我们应更好地完善人才培训体系，加强人工智能技术的研发与创新，完善教育资源共建共享机制，实现教育的更进一步发展。

参考文献

[1] 徐晓东，赵立明，李艳生，宋远峰．移动机器人导航与智能控制技术 [M]. 哈尔滨：哈尔滨工业大学出版社，2023.01.

[2] 刘泉，艾青松，孟伟，陈昆．智能制造与机器人理论及技术研究丛书多自由度并联康复机器人及其人机交互控制 [M]. 武汉：华中科技大学出版社，2023.01.

[3] 阚秀．智能控制技术及应用 [M]. 北京：中国铁道出版社，2023.03.

[4] 刘金琨．智能控制理论基础、算法设计与应用第 2 版 [M]. 北京：清华大学出版社，2023.01.

[5] 严怀成，张皓，李郅辰，王孟．数字浪潮工业互联网先进技术丛书网络化系统智能控制与滤波 [M]. 北京：化学工业出版社，2023.06.

[6] 郑南宁．智能控制导论 [M]. 北京：中国科学技术出版社，2022.08.

[7] 兰文奎．现代汽车智能化技术汽车控制系统研究 [M]. 北京：北京理工大学出版社，2022.04.

[8] 祁若龙．智能工业机器人控制技术与应用研究 [M]. 长春：吉林出版集团股份有限公司，2022.06.

[9] 戴跃．融合与交流智能运动控制系统 [M]. 上海：上海科学技术文献出版社，2022.02.

[10] 江辉煌，冯永乾．智能压实控制新技术 [M]. 北京：中国民航出版社，2022.09.

[11] 谭墾元，张俊杰，尹胜超．云、边、端协同交通大数据智能计算及控制技术 [M]. 长春：吉林大学出版社，2022.02.

[12] 戴凤智，乔栋，温浩康．普通高等教育新工科机器人工程系列教材机器人智能检测与先进控制基础 [M]. 北京：机械工业出版社，2022.11.

[13] 师丽，李晓媛．智能控制基础 [M]. 北京：机械工业出版社，2021.11.

[14] 丛爽．智能控制系统及其应用第 2 版 [M]. 合肥：中国科学技术大学出版社，2021.08.

[15] 郑晓晨，张燕．面向机器人操作的智能控制系统设计与实现 [M]. 成都：电子科技大学出版社，2021. 09.

[16] 王君，何纯玉，矫志杰．中厚板轧制过程精细化智能化控制技术研究与应用 [M]. 北京：冶金工业出版社，2021. 05.

[17] 常青，王坤，檀江云．智能化财务管理与内部控制 [M]. 长春：吉林人民出版社，2021. 11.

[18] 张卓，张泽旭，李慧平．多智能体系统群集协同控制方法及应用 [M]. 西安：西北工业大学出版社，2021. 07.

[19] 任章．航天器和导弹制导导航与控制智能自寻的导引技术 [M]. 北京：国防工业出版社，2021. 01.

[20] 刘金琨．智能控制第 5 版 [M]. 北京：电子工业出版社，2021. 04.

[21] 李士勇，李研．智能控制第 2 版 [M]. 北京：清华大学出版社，2021. 10.

[22] 王会方．机器人智能控制技术 [M]. 杭州：浙江大学出版社，2021.

[23] 艾莉．智能控制基础与算法探究 [M]. 长春：吉林大学出版社，2021.

[24] 胡博．综合能源系统中的智能控制与优化技术 [M]. 北京：科学出版社，2021. 11.

[25] 李鸿儒，尤富强．智能控制理论与应用 [M]. 北京：冶金工业出版社，2020. 12.

[26] 王飞跃，陈俊龙．智能控制方法与应用上 [M]. 北京：中国科学技术出版社，2020. 05.

[27] 周祖德，孟伟，陈冰．数字制造装备与过程的智能控制 [M]. 武汉：武汉理工大学出版社，2020. 11.

[28] 黄杰，刘莹．非线性系统与智能控制 [M]. 北京：北京理工大学出版社，2020. 11.

[29] 樊泽明，吴娟，李祥阳．机器人控制技术及智能控制方法 [M]. 西安：西北工业大学出版社，2020. 09.

[30] 黄妙华．智能车辆控制基础 [M]. 北京：机械工业出版社，2020. 08.

[31] 余伶俐，周开军，陈白帆．智能驾驶技术路径规划与导航控制 [M]. 北京：机械工业出版社，2020. 05.

[32] 胡海韵，林宗利，胡德文．通信时延下的多智能体协同控制方法 [M]. 北京：国防工业出版社，2020. 05.

[33] 周国栋．智能控制与专家系统 [M]. 南京：河海大学出版社，2020.08.

[34] 王端义．智能控制技术的发展及其应用研究 [M]. 长春：东北师范大学出版社，2020.06.

[35] 黄文鑫．智能温度控制器的使用及维修 [M]. 北京：化学工业出版社，2020.03.

[36] 李擎．智能机器人控制系统设计教程 [M]. 北京：科学出版社，2020.06.

[37] 陈余庆．自主智能机器人协作运动控制研究 [M]. 大连：大连理工大学出版社，2020.03.